"十二五"国家重点图书出版规划项目
先进制造理论研究与工程技术系列

开放式智能数控系统

INTELLIGENT NUMERICAL CONTROL SYSTEM WITH OPEN ARCHITECTURE

韩振宇　李茂月　著

富宏亚　审

哈尔滨工业大学出版社
HARBIN INSTITUTE OF TECHNOLOGY PRESS

内 容 简 介

本书面向智能制造,以开放式、智能数控系统的开发与应用为主线,基于哈尔滨工业大学在该领域 10 余年来的研究成果,较全面地介绍开放式智能数控系统的软硬件需求、功能结构框架、开放性技术、STEP-NC 及智能化实现方法,并分析了开放式智能数控系统与工业 4.0、工业互联网、中国制造 2025 等规划的联系。具体内容包括:开放式智能数控系统的整体架构、开放式控制器的建模与实现、基于 STEP-NC 的全闭环加工、数控系统的智能化及相应的应用实例等。

本书可作为机械制造及其自动化、机械电子及其相关专业研究生教材,也可作为研究院所及相关企业从事数控技术、智能制造、机电一体化研究的科技人员的参考书。

图书在版编目(CIP)数据

开放式智能数控系统/韩振宇,李茂月著. —哈尔滨:
哈尔滨工业大学出版社,2017.6
ISBN 978-7-5603-6203-8

Ⅰ.①开⋯   Ⅱ.①韩⋯ ②李⋯   Ⅲ.①开放系统-智能控制-数字控制系统-研究   Ⅳ.①TP273

中国版本图书馆 CIP 数据核字(2016)第 254703 号

责任编辑   张秀华
封面设计   卞秉利
出版发行   哈尔滨工业大学出版社
社   址   哈尔滨市南岗区复华四道街 10 号   邮编 150006
传   真   0451-86414749
网   址   http://hitpress.hit.edu.cn
印   刷   哈尔滨市石桥印务有限公司
开   本   787mm×960mm   1/16   印张 17.75   字数 300 千字
版   次   2017 年 6 月第 1 版   2017 年 6 月第 1 次印刷
书   号   ISBN 978-7-5603-6203-8
定   价   38.00 元

(如因印装质量问题影响阅读,我社负责调换)

前　言

　　机械制造业是国民经济的支柱产业,其发展规模和水平是反映国家经济实力和科学技术水平的重要标志之一。自从 20 世纪 50 年代第一台数控机床诞生以来,数控技术得到了日新月异的发展,成为现代制造系统中必不可少的组成部分,并促进了全球制造业的深刻变革。当前,随着人工智能、微传感器、计算机技术、信息物理系统等技术的迅速发展,现代制造系统正朝着集成化、数字化、柔性化、智能化等方向发展。

　　2015 年制定的《中国制造 2025》,旨在通过创新驱动、智能转型、强化基础、绿色发展,加快我国从制造大国向制造强国的转变。在这个转变过程中智能制造是主攻方向。为了适应智能制造的发展潮流,新型 CNC 系统无论是在体系结构上还是在功能上,将完全不同于传统的数控系统。另外,伴随着中国制造 2025、德国工业 4.0、美国工业互联网等工业计划的实施,新型 CNC 系统将成为智能制造大系统中的重要节点。无疑,开放式、智能化将是新型数控系统必须具备的特征。

　　本书对开放式智能数控系统的关键技术进行了深入研究,在分析智能数控系统实施需求的基础上,构建了开放式智能数控系统的总体构架;提出了实现开放式、智能化的软硬件平台;建立了基于 STEP-NC 的全闭环加工系统;将人工智能技术用于数控加工的过程控制、颤振抑制等,实现了智能技术与数控内核的深度融合。本书主要包括以下内容:

　　1. 开放式智能数控系统的总体构架

　　为实现开放性、智能化,对数控系统的功能需求进行了分析,确定了系统需满足开放性、实时性要求,需具有完备的数据接口及双向传递机制,需融合人工智能与加工知识等基本要求,明确了软硬件平台的总体方案,构建了由工业 PC 机、SoftSERCANS 通信卡、Windows、RTX 等组成的软件化开放式智能数控系统的开发平台。在比较分析国际上几种开放式体系模式优缺点的基础上,提出了开放式智能数控系统的总体架构。该架构采用构件/框架结构、客户机/服务器通信模式,使用IDL 语言定义接口,使用层级式有限状态机描述数控系统的行为。

2. 开放式控制器的建模与软件实现

利用层级式有限状态机模型(FSM)描述系统的动态行为模型,同时将其用于数据流的表达与控制。为了高效、简单的实施 FSM 机制,建立了 FSM 基础类库。依据可重用的软件单元模型,采用面向对象技术,以动态链接库的形式开发了数控系统的软件功能模块,包括:任务协调器、任务生成器、轴组模块、轴模块、自适应控制模块、软 PLC 及人机界面模块等。根据各模块所完成数控任务实时性要求的不同,采取了不同的开发方法,非实时功能模块以 COM 组件形式运行在 Windows环境下;实时功能模块以实时动态链接库的形式运行在 RTX 环境中,它们之间通过共享内存进行信息交换。

3. 基于 STEP-NC 的全闭环加工系统

以 STEP-NC 标准的描述方法与实现方法为基础,对完整产品加工信息的集成与闭环数据流的建立方法进行了分析,建立了以开放式STEP-NC 数控系统为核心的闭环加工系统架构,以消除数控系统与工艺规划系统之间的信息传输屏障,实现了产品设计、工艺规划、产品加工、加工过程控制和加工知识管理等环节之间的动态交互。采用结构化分析方法,建立了闭环加工系统的功能模型。利用面向对象、多线程和共享内存等技术实现了 STEP-NC 文件解析、高层信息提取和在线刀具轨迹生成等 STEP-NC 文件在线解释的核心功能。所建立的STEP-NC 数控系统能够直接读取和解释 STEP-NC 文件,不需要后置处理过程,能够实现高层产品加工信息在闭环加工系统中的自由传输,保证加工系统数据流的信息完整与闭环。以平面特征的误差区域修补为对象,实现了闭环加工系统在线检测及加工过程控制;以铣削力的控制为对象,实现了实时加工过程控制。通过实例验证了所提出的STEP-NC 数据模型、在线检测及加工过程控制实现方法和实时加工过程控制的可行性。

4. 基于智能化数控系统的过程自适应控制和颤振抑制

针对数控系统的智能化,分析了智能数控系统与智能加工的关系,研究了智能数控系统的传感集成与硬实时采集技术,提出了外部加工参数的在线实时采集及系统实现方案。该方案要求采集过程具有"硬实时"特性,即不但要保证参数采集的准确、定时,还要保证模块间的任务协调、可控制。基于 SERCOS 通信模式,建立了驱动器技术参数在线实时反馈机制,技术参数主要包括机床的进给速度和主轴转速。进而,以提高铣削的加工效率为目标,研究且实现了基于铣削力约束的在线过程参数自适应智能控制的相关技术。针对在线铣削颤振抑制技术,分析了三向切削力和振动加速度传感器的各向分量在颤振监控过程中的时域和频域敏感信号特征,提出了快速傅里叶变换技术及在颤振过程中对信号有效信息的提取技术,建立了颤振频率与主轴转速间的关系模型,为实现颤振抑制提供了理论基础。最后,在智能数控系统平台上,分别开展了基于切削力约束的加工实验和针对连续变切深铝合金工件的在线颤振抑制加工实验,验证了所开发的开放式智能铣削数控系统的有效性和可行性。

本书第 1,2,4 章由哈尔滨工业大学韩振宇编写;第 3,5 章由哈尔滨理工大学李茂月编写。另外,哈尔滨工业大学付云忠参与了第 5 章部分内容的编写,哈尔滨工业大学邵忠喜参与了第 2 章部分内容的编写,石家庄铁道大学胡泊参与了第 4 章部分内容的编写,哈尔滨工业大学金鸿宇参与了第 3 章部分内容的编写。全书由韩振宇统稿定稿。

本书内容主要来源于哈尔滨工业大学数控技术研究室的科研成果,多届博士研究生在此领域取得博士学位,在此谨向梁宏斌、李霞、朱晓明、刘涛、马雄波、陈良骥、梁全等博士一并致谢。

哈尔滨工业大学富宏亚教授审阅了全书,并提出许多宝贵意见,在此表示衷心感谢。

本书的出版得到哈尔滨工业大学研究生教育教学改革研究项目(编号 JGYJ—2017014)的资助。

由于作者水平有限,书中难免有不足、不妥之处,恳请各位读者、同行批评指正。

作　者
2017 年 6 月

目 录

第1章 绪 论

1.1 开放式数控系统

1.1.1 背景

从控制器的发展历程可以看出,传统控制系统是一种专用的封闭的体系结构。这种结构的系统硬件是专用的,各厂家的主板、伺服电路板是专门设计的,厂家之间产品无互换性。系统软件结构也是专用的,很难移植和扩展。由于控制软件专用性较强,它的使用依赖于专用控制系统的硬件体系结构和软件设计思想,因此,机床制造商对控制器供应商的依赖性很大。这种数控系统很难或几乎不可能在原来基础上再加入新的控制方案、控制策略和扩展新功能。

随着技术、市场、生产组织结构等方面的快速变化,数控技术发展面临着许多新的挑战。包括不断出现新的加工需求,要求数控系统具有迅速、高效、经济地面向客户的模块化特性和软硬件重构能力;改变以往数控系统的封闭性设计模式,降低生产厂家对控制系统的高依赖性和对数控软件、硬件、控制策略的耦合性,适应未来车间面向任务和定单的生产模式[1,2]。这就要求 CNC(Computer Numerical Control)控制器必须能够被用户重新配置、修改、扩充和改装,并允许模块化地集成传感器、加工过程的监视与控制等系统,不必重新设计硬件和软件。要达到这一目的,最有效的途径就是实现开放式数控系统。数控系统的制造商、集成者和用户能够自由地选择数控装置、驱动装置、伺服电机、应用软件等数控系统的各个构成要素;用规范的、简便的方法将这些构成要素组合起来,完成某一控制任务。相关技术的飞速发展和市场的强烈需求,促进了数控系统由专用型封闭式控制向通用型开放式体系结构转变和发展,进而开放式数控系统应运而生[3,4]。

目前,开放式数控系统还缺乏统一、明确的概念。IEEE 是这样定义开放系统的[5]:"具有下列特性的系统可称为开放系统:符合系统规范的应用可运行在多个销售商的不同平台上,可与其他的系统应用互操作,并且具有一致风格的用户交互界面。"

针对开放式数控系统的应用需求,普遍认为,开放式数控系统具有以下五个基本特征,这也是衡量数控系统开放程度的准则[6,7]。

1. 可互换性(interchangeability)

系统高度模块化,并且这些功能模块具有完全开放的标准接口。不同厂商的功能模块可相互替代,具有互换性,在构成系统时可根据各部件的性能、价格等因素选择不同厂家的产品,无需受唯一供应商的控制。

2. 可移植性(portability)

可移植性是指系统的计算平台无关性,源代码要最大限度地兼容多种计算平台。

3. 可伸缩性(scalability)

可伸缩性包括两重含义:一方面是指一种系统可以运行在不同规模的计算平台上,另一方面是指其规模完全是可定制的,集成商可以根据控制对象(机床)的特性、加工条件或用户的要求,增减系统的功能模块或调节系统参数,实现控制目标。

4. 互操作性(interoperability)

互操作性主要包括系统内部标准部件之间的互操作性,不同系统之间的互操作性,系统和外部应用之间的互操作性。这不仅要求系统的各个功能部件具有开放的数据接口,而且要求系统的实现要完全遵循支持数据交换的软件规范,如面向网络、面向对象等。

5. 可扩展性(expandability)

可扩展性是用户或集成商扩展部分部件的功能,使系统具有增强的性能表现。例如,在一个可扩展的数控语言解释器中,可由用户按照自己的需求或爱好,扩充新的代码。

数控系统的开放性,根据不同的认识和所能达到的技术水平,可以分为图 1.1 所示的三个开放等级。

(1)人机接口开放。

提供给用户自己制定适用于各自特殊要求的操作界面和操作步骤

的途径,但系统的内核被完全封装,用户不能改变系统内部程序和算法,属于非实时控制的开放,一般使用于基于 PC 作为图形化人机控制界面的系统中。目前的商业数控系统一般采用此开放模式。

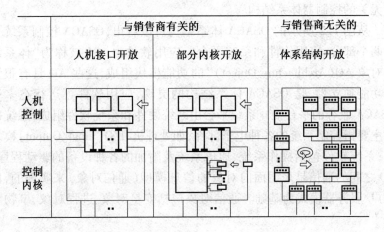

图 1.1 控制系统的开放级别

(2)部分内核开放。

不仅可以定制操作界面,还提供 NC 内核的接口协议,用户可以根据接口协议集成用户专用模块,来完成一些实时性不强或非周期性的任务,但强实时性的控制任务仍需由 NC 来完成。

(3)体系结构系统开放。

数控系统的体系结构是开放的,具备开放系统的所有基本特征。用户根据自身需要,可以选择系统制造商或第三方制造商的软硬件模块,甚至自行开发用户专用模块,按照开放体系结构的标准和规范,组成性能/价格比最高的 CNC 系统。

1.1.2 研究进展

自 1992 年以来,欧盟、美国、日本等制造业发达的国家相继开展了大规模的开放式数控系统的研究项目,主要如下:

1. 欧洲 OSACA 项目

OSACA(Open System Architecture for Control within Automation System)项目是由欧洲共同体国家的 22 家控制器开发商、机床生产商、

控制系统集成商和科研机构联合发起的,始于1992年11月,先后经历了三个阶段,结束于1998年7月,历经66个月,投入96人/年,投入资金为1 230万欧洲货币单位。其主要目标是建立一个开放性的、与厂商无关的控制器体系结构[8]。

从图1.2所示的OSACA体系结构可以看出,OSACA控制系统分为两个部分:应用软件和系统平台。应用软件由一组被称为"体系结构对象AO(Architecture Object)"的功能模块组成,这些AO具有很强的功能独立性,是OSACA体系结构的灵魂,应用软件可运行在多种OSACA兼容的平台上。系统平台由系统硬件和系统软件组成,系统硬件主要指控制系统的各种电子部件,如处理机、I/O(Input/Output)模块等;系统软件包括操作系统、通信系统及附加的各种设备的驱动程序。AO之间的通信是采用面向对象的信息模型(通信对象)来实现的,以客户/服务器模式为基础。通信对象包括变量对象、进程对象、事物对象[9,10]。

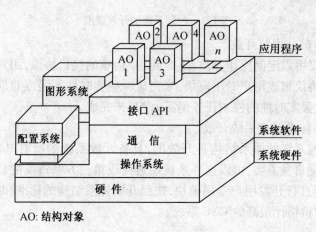

AO: 结构对象

图1.2　OSACA体系结构

2. 日本OSEC项目

1994年12月日本三个机床制造商、两个信息系统公司和一个控制器制造商联合发起了OSEC(Open System Environment for Controller)项目。该项目共分三个阶段,结束于1999年3月。OSEC的目标是为下一代工厂自动化设备控制器,建立一个开放性的体系结构规范,并开发相应的接口标准[11]。

OSEC 采用功能组定义开放式数控系统的体系结构,如图 1.3 所示。OSEC 体系结构主要包含 4 个功能组:运动生成、资源管理、加工控制、设备控制。每个功能组由若干个功能模块组成,每个功能模块是一个对象形式的软件元件,并封装了 OSEC API(Application Program Interface)形式的对象消息作为接口协议。功能模块之间不形成层次关系,通过 OSEC API 形式的消息连接起来进行通信和协作。OSEC 体系结构只定义功能模块的服务内容和消息接口协议,由控制器厂商进行功能模块的个性化实现,符合接口协议的功能模块在 OSEC 控制器中可以"即插即用"。

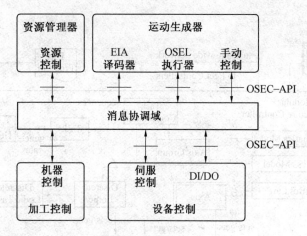

图 1.3 OSEC 体系结构

3. 美国 OMAC 项目

1994 年 8 月,美国通用、福特、克莱斯勒三大汽车公司联合出版了"Requirements of Open, Modular Architecture Controllers for Applications in the Automotive Industry"。在这份文件中体现了许多新颖的技术思想,切实反映了当时制造业的应用需求。事实上,这份文件成为 OMAC 项目的研究指南。1997 年 2 月,OMAC 用户组成立,对 OMAC 感兴趣的组织随时可以加入,参与相关的技术开发。

美国 OMAC 的主要目标是明确用户对于开放体系结构控制器的应用需求,开发一种满足这种需求的公共 API,为开放式控制器技术开发、实现和商品化中的各种问题提供共同的解决方案[12,13]。

OMAC 采用组件技术实现即插即用的模块化,采用接口类的形式定义 API。OMAC 定义了各种不同"尺寸"和"类型"的可重用即插即用"组件",这是广义的组件,实际上包括 COM(Componet Object Model)组件、模块、任务,是应用程序的重要构成。每一个"组件"都具有各自的有限状态机实现其特定功能。模块是指包含组件的容器,任务是指封装可编程功能行为的组件,包括一系列待完成的步骤,如启动、停止、暂停、恢复。当控制器工作时,任务可以多次运行。在分布式通信情况下,基于组件的技术采用代理存根的方式处理跨进程的方法调用。OMAC 项目组给出了一个开放式控制器的结构参考范例,如图 1.4 所示。

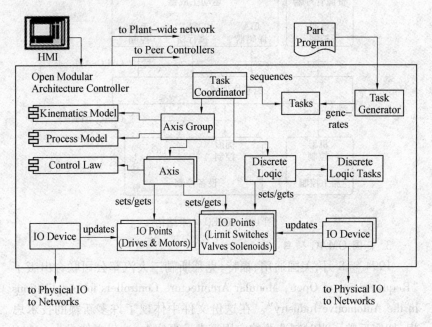

图 1.4 OMAC 控制器结构示意图

4. 国外其他机构的研究情况

此外,国际上还有许多其他的机构和大学在从事开放体系结构控制器的研究,并建立了一些开放式数控系统的实例[14-18]。

根据文献[19]所述,世界上第一台开放式体系结构控制器就是基于 IMS 计划的研究经验,由纽约大学于 1988 年研制成功,即 MOSAIC (Machine tool Open System Architecture Intelligent Controller)机床开放式体系结构智能控制器。MOSAIC 项目组采用如下标准进行子系统间的知识转换和传送:C 编程语言、实时 UNIX 操作系统、标准的 VME 总线。之所以进行这种选择主要是因为当时许多实验室都开发了实时 UNIX 版本,在 UNIX 编程中添加实时特征,如多任务处理、任务间通信、硬件中断处理等。实时 UNIX 的流行使之成为当时计算机领域的事实标准,也成为 MOSAIC 项目的自然选择。随后 California 大学采用成熟的商用产品研制出第二代 MOSAIC 控制器。实际上它们都遵循了通用产品和标准系统的原则。

美国密歇根大学(University of Michigan)在开放体系结构控制器领域成果显著[20,21],其主要目标是实现机床控制系统的开放性。研究内容包括:基于 FSM(Finite-state Machine)的机床控制设计[22,23],基于 Windows 的 HMI(Human Machine Interface)的开发,可重构机床的控制结构设计[24,25]。在加工力分析、颤动分析与监测、刀具和工件接触监控等方面也进行了大量的研究工作[26-28]。

普渡大学(Purdue University)智能制造实验室开展了基于 PC(Personal Computer)的开放式体系结构控制器,加工仿真建模和实现,加工过程的多自变量自适应控制,常规切削力自适应控制等研究[29]。

加拿大不列颠哥伦比亚大学(University of British Columbia)制造自动化实验室也开展了大量的研究,开发了一个基于 DSP(Digital Signal Processor)的智能加工模块 IMM(Intelligent Machining Module)。它由一组用户可扩展的函数库组成,研究人员在 IMM 平台基础上可以快速实现智能加工工艺算法,可以将刀具磨损监测、热变形补偿等以传感器技术为基础的智能控制算法迅速集成到数控系统中,IMM 实际上是一个以开放体系结构为基础的智能数控开发平台[30,31]。

德国斯图加特大学(University of Stuttgart)具有长期从事开放模块化控制系统设计的历史[32,33]。20 世纪 80 年代 MPST 项目以并行总线连接硬件模块,建立了模块化的结构控制器。后来,他们开始进行基于软件的模块化控制器体系结构的研究,以 OSACA 准则为基础建立了开放式控制器,可应用于多轴车、铣、并联机构以及其他特殊用途的机床(如电火花、纺织机械等)。

另外,还有一些研究机构在开放式数控方面的研究工作也产生了较大的影响,如日本东京大学[34](The University of Tokyo)、美国加州大学伯克利分校[35,36](University of California, Berkeley)、韩国浦项理工大学(Pohang University of Science and Technology)等。

5. 国内开放体系结构控制器的研究

我国从 20 世纪 90 年代开始各科研机构和大学纷纷投入力量进行了开放式数控系统方面的研究和开发,出现了基于软件芯片的开放式数控系统[37,38],基于数字现场总线的开放式数控系统[39-43],基于运动控制板的 PC+NC 数控系统[44],基于 Windows 的开放式数控系统[45],基于 COM/DCOM 组件的开放式数控系统[46],基于 RTLinux 的开放式数控系统等[47-49]。此外,成型的产品包括中科院沈阳计算所/高档数控国家工程研究中心的 SS-8540、武汉华中数控股份有限公司的华中系列数控系统、沈阳机床的 i5 系列数控系统等。总的来说,我国开放式数控系统的研究起步较晚,且多限于某一体系结构的具体实现。

1.1.3　软件数控

人们对开放式数控系统的研究已经有 20 多年的历史,划分准则、采用手段、实现形式多种多样,开放程度各有差异。软件数控产品的出现反映了开放式数控系统的最新发展趋势,实现方式从最初的 PC+NC 逐渐发展为 PC+CNC 扩展卡,现在成为 PC+SoftCNC 的形式,CNC 功能全部由软件实现,如图 1.5 所示。

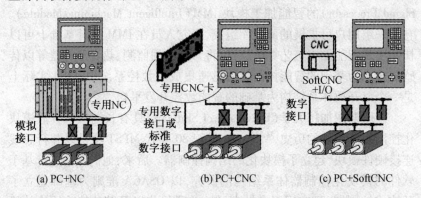

图 1.5　开放式数控系统发展的三个阶段

软件数控是开放式数控系统发展的一个崭新阶段,一种新的实现方式。它的基本思想就是认为数控系统的实现完全是一种运行在通用计算机上的标准应用程序,而不是包含许多插件板的硬件系统[50,51],如图 1.5(c)所示。软数控部分与伺服系统之间通过 I/O 接口卡进行数据交换,一般采用标准的现场数字总线来实现。软数控技术可以使运动控制与其他必要的功能组件集成到具有单 CPU(Central Processing Unit)或多 CPU 的工控机上,例如操作接口、逻辑控制、数据采集、系统诊断等部分;而且数控系统的基本功能能够以标准模块的形式实现。这样,软件数控成为在 PC 机上运行的一个应用软件,各部分功能完全可以采用符合工业标准的技术以软件模块的形式实现,为实现开放式数控系统所要求具有的互操作性、可移植性、可伸缩性、可互换性等特征提供技术支持。

软件数控的主要特征有[52]:

①系统的表现形式和目前常见的 CAD/CAM(Computer-Aided Design/ Computer–Aided Manufacturing)等系统一样,最终将成为一种主流操作系统上的应用软件。

②包含完整的机床控制功能 MMC(Man Machine Control),MC(Motion Control),AC(Axis Control),PLC(Programmable Logic Control)。

③外围连接采用标准规范。数控功能与上层的企业管理监控系统采用以太网、工业 TCP/IP(Transmission Control Protocol/Internet Protocol)协议连接,向下与伺服系统及 IO(Input/Output)设备采用国际或行业标准协议进行通信。

④支持 COM/DCOM(Distributed Component Object Model)、CORBA(Common Object Request Broker Architecture)等软件技术规范,可与CAD / CAM 无缝集成。

⑤支持单元代理功能,支持 FMS(Flexible Manufacturing System)、CIMS(Computer Integrated Manufacturing System)、虚拟制造等先进的上层应用。

⑥具有可配置性和可扩展性,支持智能控制决策的实施。第三方开发的控制策略可方便地加入原有系统,如自适应控制、模糊控制等。

这种数控系统的出现,反应了数控系统的技术重心逐渐由硬件向软件转移,软件在数控系统中所占比重越来越大,完成功能越来越多,地位也越加重要。软件数控还是一项正在发展中的技术,将随着人们对开放体系结构数控系统的研究不断深入而逐步完善,并被接受。软件数控技术的出现使数控系统向着真正开放的目标更前进了一步。

1.2　智能数控系统

自动化、智能化一直是现代制造业发展的两个主要目标。机床的智能化是提高机床加工效率、降低加工成本、确保工件加工精度以及改善工件表面加工质量的有效途径,已经得到国际上许多国家的重视和研究。所谓智能化数控系统,是指在数控系统中具有模拟、延伸、扩展的拟人智能特征,例如自学习、自适应、自组织、自寻优、自修复等[53]。智能化在数控系统中最初的应用体现在人机交互方面,比如自动编程系统。随后,它的研究更多地集中到数控加工过程中,通过对影响加工精度和效率的物理量进行检测、特征提取、模型控制,快速做出实现最优目标的智能决策,对主轴转速、切削深度、进给速度等工艺参数进行实时控制,使机床的加工过程处于最优状态。

人工智能与计算机技术的结合,极大地推动了数控系统的智能化程度。智能控制的应用体现在数控系统中的各个方面:

①应用前馈控制、在线辨识、控制参数的自整定等技术,提高驱动性能的智能化;

②利用自适应控制技术实现加工效率和加工质量的智能化;

③应用专家系统等智能技术实现基于故障诊断、智能监控等加工过程控制方面的智能化。

制造过程中控制器的控制层级可以划分为图 1.6 所示的三个层级[29],即电机、过程和监督控制。

由图 1.6 可见,控制过程包括电机控制层级、过程控制层级和监督控制层级。其中,电机控制层级可以通过光栅、脉冲编码器等检测设备实现机床的位置和速度监控。过程控制主要包括对加工过程中的切削力、切削热、刀具磨损等进行监控,并对加工过程参数做出调整。监督控制则是将加工产品的尺寸精度、表面粗糙度等参数作为控制目标,以提高产品的加工质量。

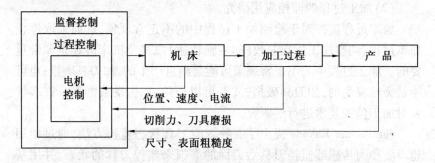

图 1.6 制造过程中控制器的电机、过程、监督控制层级

在 2006 年芝加哥国际制造技术展览会（IMTS 2006）上,日本 Mazak(山崎马扎克)公司以"智能机床(Intelligent Machine)"的名称,展出了声称具有四大智能的数控机床;同时,Okuma(大隈)公司也展出了名为"thinc"的智能数字控制系统(Intelligent Numerical Control System)。业内专家认为这一事件在数控技术发展史中具有深远的历史意义,数控系统由传统被动控制向主动智能控制的变迁已经成为一个不可逆转的潮流。当前,针对数控系统智能策略的研究与应用,许多专业数控厂商及科研院所从不同角度进行了探讨,焦点主要集中在远程监控与机床故障智能诊断、刀具状态监测与预测、误差补偿与精度控制、CAD/CAM/CNC 一体化与代码自动生成、加工参数优化及自适应控制等方面。

1. 智能加工控制国外研究现状

国外主要集中于对智能控制算法、加工过程的监控应用等方面的研究。

(1)智能控制策略研究。

在神经网络控制加工领域,Sehoon Oh 提出了一种粒子群驱动的鱼群搜索算法,用来优化数控机床加工参数[54]。为了克服神经网络需要进行过程迭代、收敛受网络复杂度的影响且要花费一定的时间的问题,NURSEL ÖZTÜRK 提出了一种基于神经网络和遗传算法的混合方法以减少神经网络的计算复杂度和时间消耗,并对平面加工的特征识别进行了模拟实验,证明了其可行性[55]。M. Milfelner 提出了一种基于遗传算法的适用于球铣削的切削力预测模型,建立的切削力模型可以实现对切削力的预测和对切削参数的优化[56]。

（2）加工过程的监控应用研究。

加工过程监控对于检测加工过程中的不正常现象,进而采取停止加工过程、调整加工过程参数(如主轴转速)以避免机床破坏是非常重要的。加工过程中的不正常现象可能是渐进产生的,如刀具磨损;也可能是突然发生的,如刀具破损;或者可以预防,如振动或颤振。许多学者对加工监控技术进行了研究。

Sunilkumar Kakade 提出了一种智能刀具状态监控方法,通过使用超声波和力传感器监控刀具后刀面的磨损来监控刀具的状态,并用基于神经网络的决策系统来对传感器信息做出决策[57]。E. M. Rubio 提出了一种基于声音能量的铣削过程监控系统,作者认为超声波传感器监控的强声波只能通过工件传递,而不能通过空气传递,因此限制了切削过程中的低频声音特征[58]。H. U Lee应用有限元方法,以"横向断裂强度"为约束条件分析了加工中刀具的易破损点,进而建立了一个切削力参考模型以调整型腔加工中的进给速度。实验结果表明,建立的模型使加工时间减少了约70%[59]。

R. E. Haber 在一个四轴 ANAK-MATIC-2000 型数控铣削中心上设计了一个嵌入式模糊控制器,这个控制器以 CNC 内部的信号,即主轴电机电流为控制目标,实现了切削过程的模糊智能控制[60]。Z. Kasirolvalad提出了一个加工过程自适应模糊 Petri 网络,以提高加工工件的加工质量[61],但作者未进行实际加工实验来验证理论的正确性。Rodolfo El'las Haber 提出了一个层次化的模糊切削力控制方法,通过用电机电流间接预测切削力[62],但研究中的通信接口为 RS-232,传输速率受限,而且分析过程中忽略了环境的动态扰动等因素。

2. 智能加工控制国内研究现状

唐唤清等对智能加工领域目前的研究现状,以及实现在线刀具状态监控的方法进行了较为全面的阐述[63,64]。根据采用的传感器、控制方法和控制目标的不同,对加工过程监控的研究主要集中于下述方面:

①通过对刀具磨损的研究实现加工状态监控;

②通过对测力仪等直接方式或测量电机电流等间接方式获得的切削力的研究,对加工过程状态进行研究;

③对 CAM 领域的离线参数优化的研究;

④对智能加工控制算法仿真的研究。

下面围绕这四方面,介绍国内的研究状况。

(1)刀具磨损研究。

刘清荣以高锰钢的铣削加工为研究对象,建立了以 X 和 Y 方向力信号为监测信号的铣刀磨损监测及实验系统,并选用小波包分析与 BP 网络结合的方式对刀具磨损状态进行了识别[65]。李锡文研究了以切削力、主轴振动位移等为特征信号的铣刀渐进磨损过程[66]。冯艳在实时监测主轴电机电流信号的基础上,依据机床的相关切削参数,选择刀具磨损量为主导变量,主电机电流为二次变量,提出了基于软测量技术的铣削加工刀具磨损的在线监测和识别数学模型[67]。高宏力在对切削力信号、振动信号及声发射信号进行时域、频域、时间序列和小波分析的基础上,提出了采用变化特征监测多加工条件下刀具磨损的方法[68]。郑金兴提出了一种基于混合智能融合技术的铣刀磨损量监测和预测方法[69]。通过信号特征值的组合,研究了小波神经网络、遗传神经网络、遗传小波神经网络对刀具磨损量的预测效果。

(2)切削负荷间接测量(以电机电流为主)研究。

李曦利用切削负荷间接测量的方法,通过测量电机电流研究了切削过程中切削参数的调整,并进行了实验验证[70]。郑华平通过研究电机电流和切削力的关系,提出了利用自适应控制原理达到对切削力的间接测量和控制[71]。姚锡凡分析了进给电机电流与相应的切削分力之间的关系,并用最小二乘法建立了它们之间的数学模型,实现了基于模糊芯片的铣削过程的模糊控制[72]。冯冀宁提出了一种基于小波神经网络的车削切削刀具状态监测方法,通过提取反映刀具磨损状态的电机电流等参数,利用小波神经网络实现在线状态监测[73]。然而,通过检测主轴电流信号来保证恒功率切削,需要在数控系统上增加信号检测与控制硬件,且这种方法的理论研究还需进一步完善。

(3)离线参数优化和仿真研究。

张臣研究了通过建立加工仿真模型,对数控铣削加工参数进行了优化研究[74]。作者通过计算每一走刀步的切削深度和切削宽度来划分区间,建立了多目标优化模型。胡旭晓在分析不可预测扰动和可预测扰动对智能控制系统鲁棒性影响的基础上,提出了提高智能控制系统鲁棒性的策略[75];并在数控机床液压油温智能控制系统和数控机床加工误差补偿系统中,应用遗传算法对控制参数进行了优化。聂建华提出了一种神经网络间接自适应控制算法,来对加工过程进行控制[76]。作者分别采用了一个神经网络辨识器和神经网络控制器,实现对被控系统的辨识和控制,并用仿真进行了算法验证。

目前,国内外在智能控制切削加工方法的研究方面,虽然取得了一定的成果,但受到封闭结构数控系统的限制,多数采用智能控制器与机床数控系统分离的方式。该种适应控制缺乏系统整体规划。通过通信方式改变数控指令,势必影响适应控制的实时性并牺牲了插补的速度,制约了智能控制研究的深度。因此,开放体系结构与数控系统的智能化相结合,两者相得益彰,是未来的发展趋势。

1.3　开放式智能数控与智能制造

提到智能制造,不得不关注三个发展计划:德国的"工业 4.0"、美国的"工业互联网"、中国的"中国制造 2025"。

1.3.1　工业 4.0

工业 4.0(Industry 4.0)是德国政府 2011 年 11 月公布的《高技术战略 2020》中的一项战略,旨在支持工业领域新一代革命性技术的研发与创新,保持德国的国际竞争力。2013 年 4 月,德国机械及制造商协会、德国信息技术、通信与新媒体协会、德国电子电气制造商协会合作设立了"工业 4.0 平台",并向德国政府提交了平台工作组的最终报告——《保障德国制造业的未来——关于实施工业 4.0 战略的建议》。

"工业 4.0"被看作是继机械制造设备的使用、电力驱动的大规模生产和引入电子信息技术的制造自动化之后,以智能制造为主导的"第四次工业革命"。它的理念源自信息技术与工业技术的融合,通过信息物理系统(CPS,Cyber-physical System)实现产品全生命周期中各制造单元间相互独立地自动交换信息、触发动作和实现控制,将制造业向智能化转型。目标是建立一个高度灵活的个性化和数字化的产品与服务的生产模式,实现人、产品与机器之间的互动。工业 4.0 时代将改变整个生产模式,整个系统将更加智能,联网更加紧密,不同组件之间可以相互沟通,工作速度更快、做出反应也更加迅速。德国提出工业 4.0 的概念,是希望通过整合全国相关企业的资源要素,打通企业间的壁垒,从用户需求出发,形成一体化的制造和服务能力,在保证安全的前提下占领国际市场。

"工业4.0"在德国被认为是第四次工业革命,其实质是德国凭借制造业根基,借助互联网升级制造业。在制造业内植入互联网,是深度应用互联网的无界限、全民化、信息化、传播速度快等特性,创新制造模式、整合生产资源、提升生产效率,从而促进制造业的转型升级。也可以说,德国的"工业4.0"是制造业互联网化的一个体现。具体来讲,在"智能工厂"以"智能生产"方式制造"智能产品",整个过程贯穿以"网络协同"。"工业4.0"主要分为两大主题,一是"智能工厂",重点研究智能化生产系统及过程,以及网络化分布式生产设施的实现;二是"智能生产",主要涉及整个企业的生产物流管理、人机互动以及3D技术在工业生产过程中的应用等。

1.3.2　工业互联网

"工业互联网"的概念最早是由美国通用电气公司(GE, General Electric Co.)于2012年提出的,随后联合另外四家IT(Information Technology)巨头:美国电话电报公司(AT&T, American Telephone & Telegraph)、思科公司(Cisco, Cisco Systems Inc.)、国际商业机器公司(IBM, International Business Machines Corporation)和英特尔公司(Intel Corporation)组建了工业互联网联盟(IIC, Industrial Internet Consortium),并将这一概念大力推广开来。"工业互联网"主要含义是:在现实世界中,机器、设备和网络能在更深层次与信息世界的大数据和分析连接在一起,带动工业革命和网络革命两大革命性转变。工业互联网联盟的愿景是使各个制造业厂商的设备之间实现数据共享。这就至少要涉及到互联网协议、数据存储等技术。而工业互联网联盟成立的目的在于通过制定通用的工业互联网标准,利用互联网激活传统的生产制造过程,促进物理世界和信息世界的融合。

工业互联网基于互联网技术,使制造业的数据流、硬件、软件实现智能交互。未来的制造业中,由智能设备采集大数据之后,利用智能系统的大数据分析工具进行数据挖掘和可视化展现,形成"智能决策",为生产管理提供实时判断参考,反过来指导生产。工业互联网的三个维度如图1.7所示。

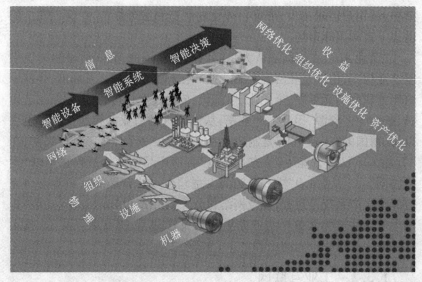

图 1.7　工业互联网的三个维度

工业互联网的关键是通过大数据实现智能决策。当从智能设备和智能系统采集到了足够的大数据时,智能决策其实就已经发生了。工业互联网中,智能决策就是为了解决系统的复杂性,其对于应对越来越复杂的系统和由机器的互联、设备的互联、组织的互联构成的庞大网络,十分必要。

当工业互联网的三大要素,即智能设备、智能系统、智能决策,与机器、设施、组织和网络融合到一起的时候,工业互联网的全部潜能就会体现出来,进而生产率提高、成本降低和节能减排所带来的效益将带动整个制造业的转型升级。

1.3.3　中国制造 2025

2015 年 5 月 19 日,中华人民共和国国务院印发《中国制造 2025》,部署全面推进实施制造强国战略。《中国制造 2025》的总体思路是坚持走中国特色新型工业化道路,以促进制造业创新发展为主题,以提质增效为中心,以加快新一代信息技术与制造业融合为主线,以推进智能制造为主攻方向,以满足经济社会发展和国防建设对重大技术装备需求为目标,强化工业基础能力,提高综合集成水平,完善多层次人才体系,促进产业转型升级,实现制造业由大变强的历史跨越。

我国工业和信息化部成立以来，一直致力于推进"两化融合"工作，通过信息化的融合与渗透，对传统制造业产生了重大影响。随着新一轮工业革命的到来，云计算、大数据、物联网等新一代信息技术在未来制造业中的作用会愈发重要。通过将互通互联，云计算、大数据这些新一代信息技术，与以前的信息化、自动化技术结合在一起，形成智能制造，可以动态安排生产、可以网络协同合作，可以促进生产方式从资源驱动变成信息驱动。这也正是《中国制造 2025》将加快新一代信息技术与制造业融合作为主线，将智能制造作为主攻方向的原因所在。

"工业 4.0"、"工业互联网"、"中国制造 2025"这三者外延上虽有区别，但内涵基本一致，最终目标都要实现智能制造。

智能制造目前在国际上还没有准确的定义，2015 年我国工业与信息化部在相关文件中给出了一个描述性的概念，即智能制造是基于新一代信息技术，贯穿设计、生产、管理、服务等制造活动各个环节，具有信息深度自感知、智慧优化自决策、精准控制自执行等功能的先进制造过程、系统与模式的总称。具有以智能工厂为载体，以关键制造环节智能化为核心，以端到端数据流为基础、以网络互联为支撑等特征，可有效缩短产品研制周期、降低运营成本、提高生产效率、提升产品质量、降低资源能源消耗。

一般来说，智能制造包括五个维度：产品智能化、管理智能化、设备智能化、服务智能化、智能化生产方式。智能机床立足在设备智能化层面，并且是管理智能化、服务智能化和智能化生产方式的重要节点。其本质是数控系统的智能化，智能化一般体现在以下几方面：智能化操作界面与网络技术、智能化加工技术、智能化误差补偿技术、智能化驱动技术、智能化状态监控与维护技术等。例如，Mazak 机床的智能化功能包括：

AVC(Active Vibration Control)——动态振动控制

ITS(Intelligent Thermal Shield)——智能化热屏蔽

ISS(Intelligent Safety Shield)——智能化安全屏蔽

MVA(MAZAK Voice Advisor)——马扎克语言指南

IPS(Intelligent Perform Spindle)——智能化主轴

IMS(Intelligent Machine Support)——智能化维修支持

IBA(Intelligent Balance Analysis)——智能化平衡分析

智能制造针对的是制造业。制造业是指对制造资源(物料、能源、设备、工具、资金、技术、信息和人力等),按照市场要求,通过制造过程,转化为可供人们使用和利用的大型工具、工业品与生活消费产品的行业。根据在生产中使用的物质形态,制造业一般可分为:离散制造业(如机械、汽车等典型行业)、流程制造业(如石油、化工、冶金等典型行业)、混合型制造业。根据我国现行标准 GB/T4754—2011《国民经济行业分类》划分,制造业包括 31 个大类,175 个中类,530 个小类,可谓门类众多,对于国家经济的支撑作用十分重要。

开放式智能数控系统旨在实现机床等的智能化控制。可以说,实现机床的智能化是实现智能制造的重要一环。开放式智能数控系统可直接用于制造业中的金属制品业、通用设备制造业、专用设备制造业、汽车制造业、仪器仪表制造业等产业实现制造的智能化,对于制造业中电气机械和器材制造业、铁路、船舶、航空航天和其他运输设备制造业等产业也具有重要的指导与借鉴意义。

1.3.4 大数据与智能制造

互联网高端技术的创新与发展,使得我们正处在一个数据爆发增长的时代,数据量已经从 TB(Terabyte = 2^{40} 字节)级别跃升到 PB(Petabyte = 2^{50} 字节)、EB(Exabyte = 2^{60} 字节)乃至 ZB(Zettabyte = 2^{70} 字节)级别。人们用大数据来描述和定义信息爆炸时代产生的海量数据,并命名与之相关的技术发展与创新。大数据带来的信息风暴正在变革我们的生活、工作和思维,可以毫不夸张地说,大数据开启了一次重大的时代转型。在大数据已经到来的今天,如何将大数据带来的新思维和新方法应用到数控机床和数控加工中,并对以往数控技术中的难点问题采用创新性的方法予以突破,是信息化进程这一时代要求的大势所趋,并且必将给传统的数控加工技术领域带来崭新的生命力。

我们所说的传统数据主要是数字,如数控机床位置的半闭环和全闭环反馈的数值、机床的几何误差等。这种数据的特点是结构化的,因而数据分析一般遵循一定规律,通过如简单的线性相关或者建立数学模型这样传统的数据解决方案,就能找到相应的对策。而工业大数据是指在工业领域信息化应用中所产生的大数据,如工业中的条形码、二维码,RFID、工业传感器、工业自动化系统、工业物联网、自动化软件等形成的巨大数据。这些大数据不但包含了结构化数据，还包含半结构化数据和非结构化数据，这使得其在分析过程中没有既定规律可以遵循，必须通过综合多种层面、不同阶段的信息进行综合分析和评估。大数据的核心特征是一种收集和分析大量信息的能力，而其目的则在于从复杂的数据里找到过去不容易昭示的规律，并通过数据挖掘与具体的实际对象相结合。从某种程度上讲，大数据在工业过程控制中的引入，将改变以往分析问题时片段的和间歇的思维模式，转而用一种全局的、动态的和连续的思维来对待工业领域一些传统的过程控制问题。现在的数控机床是在计算机程序控制下进行加工事践证明。随着时间、温度以及材料的变化，一成不变的加工程序并不是最好的方案。应该通过物联网传感器实时了解加工的状况，通过反馈来调整机器的加工程序。在数控机床的智能化方面，大数据可应用在智能误差补偿、智能故障预测、智能维修等方面。

具体而言，数控机床将配备各种传感器，获取数据，然后经过有线或无线通信连接互联网，传输数据，对生产本身进行实时监控。而生产所产生的数据同样经过快速处理、传递，反馈至生产过程中，将工厂升级成为可以被管理和被自适应调整的智能网络，使得工业控制和管理最优化，对有限资源进行最大限度使用，从而降低工业和资源的配置成本，使得生产过程能够高效地进行。

过去，机床运行过程中，其自然磨损本身会使产品的品质发生一定的变化。而由于信息技术、物联网技术的发展，未来可以通过传感技术，实时感知数据，知道产品出了什么故障，哪里需要配件，使得生产过程中的这些因素能够被精确控制，真正实现生产智能化。因此，在一定程度上，机床乃至车间/工厂的传感器所产生的大数据直接决定了智能化设备的智能水平。此外，从生产能耗角度看，利用传感器集中监控机床生产过程中的所有生产流程，能够发现能耗的异常或峰值情况，由此能够在生产过程中不断实时优化能源消耗。同时，对所有流程的大数据进行分析，将会从整体上大幅度降低生产成本。

总结一下，无论是"工业4.0"、"工业互联网"还是"中国制造2025"，智能制造是共同目标，工业互联网是基石，大数据是引擎。

1.4　开放式智能数控系统的主要特征

半个多世纪以来,数字控制谱写了机床自动化的新篇章。数控机床不仅延伸人的体力,更延伸人的智力,变得越来越聪明。高端数控机床的发展,起主导作用的将不再是机械和电气部分的硬件,而是知识和软件。数控系统已经从单纯的运动控制发展到参与生产管理和调度。随着与信息和通信技术的深度融合,现代数控机床已经不仅是一台加工设备,而是工厂网络甚至智慧城市中的一个节点。多功能化、网络化、集成化、聪明化、绿色化、图形化和多点触控的人机界面将成为新一代智能数控系统的主要特征。

1. 多功能化

数控机床的多功能化,不单单是指配有自动换刀机构(刀库容量可达100把以上)的各类加工中心,能在同一台机床上同时实现铣削、镗削、钻削、车削、铰孔、扩孔、攻螺纹等多种工序加工,还包括多通道多轴联动、曲面直接插补、3D刀补、增材制造(如快速原型制造、复合材料自动铺放等)、复合加工工艺(如增材与减材复合)等功能。

现代数控机床还采用了多主轴、多面体切削,即同时对一个零件的不同部位进行不同方式的切削加工。数控系统由于采用了多CPU结构和分级中断控制方式,即可在一台机床上同时进行零件加工和程序编制,实现所谓的"前台加工,后台编辑"。

2. 网络化、集成化

数控机床的集成化包括横向集成、纵向集成与端对端的集成,包括以下技术:CAD/CAM/CMM(Coordinate Measuring Machine)、STEP-NC(the STandard for the Exchange of Product model data – compliant Numerical Control data interface)、工艺数据库支持、网络化数字伺服总线、工艺仿真/虚拟加工、运动轴和加工过程先进控制策略、互联网/物联网/WiFi(Wireless Fidelity)网络等一项或多项技术的集成。

3. 聪明化

数控系统的聪明化主要是指系统动态优化与设备自适应化,包括工件/刀具识别、状态检测,实时图像监测,自适应控制,在位快速测量,几何/温度自动补偿,远程监控,健康管理等。

4.绿色化

多年来,机床产品的追求目标一直是精度、速度、功率、效率等能力指标。随着日益加剧的资源危机和日趋严重的环境污染,数控机床必须将发展方向从片面提高能力指标转移到追求整体效益指标提升的轨道上来,从而以尽可能低的投入获得尽可能多的产出,并把数控机床产品整个生命周期内各种活动对环境、人员的负面影响降低到最低的程度。

将"绿色化"贯穿于数控机床产品的设计、制造、运用、回收处理等各个环节,主要包括以下几个方面:

①采用新型材料、结构制造机床结构件、移动部件。

②机床采用新型结构形式,如多主轴、并联机构、模块化结构。

③运行过程能效分析管理、参数优化[77],降低待机、空载、加工能耗。

④改进润滑方式,选用新型功能部件,以减少润滑用油量。

简单地讲,就是轻量化结构、运行过程能效分析管理与绿色切削。

5.图形化、多点触控与语音导航

智能手机的出现改变了人们的生活和工作方式,多点触控屏幕各种 APP(Application Software)应用和微信正在改变人的观念和习惯。若将智能手机的某些功能和特征移植到机床数控系统,无疑会大大拓展数控系统的功能,使机床操作更加符合人们的生活习惯,变得简单和方便。因此,采用图形化的信息提示、图形化软键的人机界面,以及语音导航已成为新一代数控系统重要的特征[78]。例如,德马吉森精机公司在西门子和三菱数控系统的基础上,推出新一代数控系统的人机界面和操作系统 CELOS,它打破了传统数控系统人机界面的模式,采用多点触控显示屏幕和类似智能手机的图形化操作界面,拉近了机床操作和生活习惯的距离。日本 MAZAK 公司的 MAZATROL 数控系统已实现了采用日常用语并且以人机对话方式进行编程,CNC 内置扬声器,通过真人语言向操作者提示作业,使操作人员面对的不再是冷冰冰的机器,而是一个可以互动的工作伙伴。

第2章 开放式智能数控系统的整体架构

2.1 智能数控系统实施需求分析

数控系统是一种用于控制数控机床执行零件加工的典型计算机控制系统,一般由三部分组成:控制系统、执行系统和测量反馈系统。

控制系统是数控系统的核心,由加工任务管理、加工参数管理、刀具数据管理、运动控制、开关量控制、人机交互等模块组成。

执行系统是使机械机构运动并完成加工的驱动系统,一般包括伺服电机和输出 IO。

测量反馈系统是实现数控系统加工闭环的重要一环,一般包括运动轴的位置(速度)反馈、输入 IO 以及用来测量温度、切削力、变形、振动等加工过程状态的传感器。

数控系统最首要的功能是忠实而高性能地执行人们预先指定的加工任务,与此同时还要尽可能地提高加工效率和质量,减轻人的劳动强度。这就需要赋予数控系统足够的智能,使其能够像人一样具有思考和自我决策的能力。美国 NIST(National Institute of Standards and Technology)认为智能数控系统应该具备的特征[79]是:能够自我识别并与制造体系中的其他系统进行通信;能够自主对加工过程进行监控和优化;能够对加工操作的结果进行检查和评价;具备学习能力,能够根据所积累的加工经验对未来的加工进行优化。

下面分析要实现数控系统智能化必须满足的几个基本要求。

2.1.1 系统需具有开放性

传统的数控系统大多采用封闭式体系结构,系统的软硬件结构、交互方式各不相同,不同系统的不兼容型严重地制约了系统的功能扩展。

此类数控系统往往只提供基本的功能模块,如人机交互、插补、速度控制、轮廓控制、PLC 等,大多数智能软硬件模块是需要机床制造商和实际用户针对机床不同的应用而自行添加的。这就要求数控系统的架构必须要有足够的开放且具有柔性,能够在原有数控系统内灵活地增加智能模块。也就是说,数控系统的软件和硬件结构需满足模块化、可扩展、可互换的开放性要求。

新增加的智能模块和算法要发挥其智能,必然要与传统数控系统功能模块进行交互和集成。例如,系统能够自动化感知内部状态与外部环境,快速做出最优决策,进而对主轴转速、进给速度、切削深度等加工参数进行实时调整。这就需要标准化的通信接口,各模块之间能够通过统一的通信接口实现信息的交互和操作,并且各功能模块的编写和组织须遵循接口与功能实现相分离的原则,以便用户能将更多的精力投入到模块本身功能的开发上。从而,数控系统需满足接口标准化、软件可重构、互操作的开放性需求[80]。

因此,开放式体系结构是实现数控系统智能化的基础。

2.1.2　系统需满足实时性要求

数控系统是一种典型的实时多任务系统,实时性是指数控系统必须在规定的时间内完成控制任务的处理以及对外部发生事件的响应。数控系统的很多任务,如加减速运算、插补运算及位置控制等,都是实时性很强的任务,目前很多数控系统的插补周期和采样周期已经达到了 1 ms 以下。如不能在规定周期内完成插补计算或位置控制任务,加工过程就会出现断续和停顿,从而影响工件加工质量并减少刀具使用寿命。另外,用户通过控制台发出的急停指令,必须在给定的最短时间内作出响应,否则就会危及设备及人身安全。

实时系统的特点在于:一个正确的运行不仅取决于结果的准确,更取决于实现的时间。需要注意的是,"实时"并不意味着"快",它指的是系统的时间响应特性。换句话说,实时性的衡量标准不是系统的平均响应时间而是最坏情况下的响应时间。实时系统有时被进一步划分为硬实时系统和软实时系统。硬实时系统对响应时间的要求是严格的,绝对的;而软实时系统允许有一些小的误差。实时有以下三方面的含义:

①实时意味着绝对可靠；

②实时系统必须满足时间限制，以避免失败；

③实时系统的确定性是指在固定的时间里完成规定任务的能力。

除了确定性，实时系统通常还有一些其他要求：

①一个具有很多优先级的多线程优先级调度器；

②可预测的线程同步机制；

③具有优先级继承；

④快速的时钟和定时器。

智能控制过程中，通过与检测系统相互配合，对生产现场的工艺参数进行采集、监视和记录，并实时将采集到的外部加工参数传入数控系统控制器中，实现在线控制，以适应切削过程中各因素的变化，从而提高机床的加工效率及工件的加工精度。因此，要实现在线智能控制，系统必须满足实时性要求[81]。

2.1.3 系统需具有完备的数据接口及双向信息传递机制

传统的加工制造中，人们总是期望将大量的智能优化行为放在 CAD/CAPP/CAM(CAPP：Computer–Aided Process Planning)中加以解决，最后生成在设计层看来是最优化的加工执行指令序列后，抛给 CNC 去执行。此时，仅仅把 CNC 当做整个制造过程中最底层的加工执行器。但事实上，CNC 在工作过程中却要面对加工现场复杂多变的加工资源(机床、刀具、夹具、伺服电机等)与不确定性的加工工况(刀具磨损或破损、颤振、工艺系统变形、机床本身精度对工件加工的影响等)。所以仅仅依靠上层 CAx 中的智能行为还无法满足动态多变的加工现场需求。

然而，一直以来上层 CAx 与底层 CNC 之间的数据传递方式都是遵循 ISO 6983 标准，即通常所说的 G/M 代码指令系统。ISO 6983 指令系统虽然能够很好地驱动各个进给轴的运动和辅助动作，但是其信息携带量明显不足，而且通用性不强，具体表现在以下几点：

①使用 G/M 代码进行加工，仅提供点和线的二维位置信息，数控系统在加工过程中不知道自己正在加工什么样的工件、什么样的特征；

②使用 G/M 代码进行加工，只能遵循预先编制好的加工指令进行无条件的顺序加工，不能根据实际加工状况实时调整加工策略和加工

顺序；

③各数控系统制造商为了满足不同的加工需要,对 ISO 6983 标准进行了扩展,形成了自己的专用指令集,使得同一个 G/M 代码文件在不同的控制器间不兼容,代码通用性大大下降,同时针对不同的控制器,CAM 必须编写不同的后置处理程序；

④使用 G/M 代码作为上层 CAx 与底层 CNC 的数据接口,不仅流失了大量的有用信息,而且无法实现双向数据交换,使得 CNC 变成加工现场的一个信息孤岛。

由此可见,G/M 代码只能实现单向信息传递,使得 ISO 6983 标准已经成为数控系统智能化的瓶颈。为解决该问题,欧洲的一些企业、高校与研究机构共同合作,以面向对象的数据模型为基础,建立了一种兼容于 STEP(the STandard for the Exchange of Product model data)标准的编程接口,并将其命名为 STEP-NC。国际标准化组织(ISO,International Organization for Standardization)从 2003 年开始陆续颁布正式的国际标准,即 ISO 14649 标准与 STEP AP238 标准,作为 STEP-NC 标准的两种不同的实现方法。STEP-NC 的优势有：

①STEP-NC 包含了零件的几何信息和制造信息,信息的完整使得数控系统可以具备更高的智能性；

②信息可以双向传递；

③由于 STEP-NC 只定义了制造特征和工步等通用信息,而没有严格的刀具路径,使得数控系统具备了自主决策能力,所生成的数控程序也能够在不同的加工设备间通用；

④STEP-NC 使得 CAD/CAM 系统能够与 CNC 系统集成,进而为形成完整的制造系统提供了可能。

综上,STEP-NC 标准的出现,为数控系统提供了产品信息和加工信息传输的载体,为数控系统的智能化带来了新的机遇。

2.1.4 系统需融合人工智能与加工知识模型

长久以来,处于制造系统最末端的数控系统更多的是被作为一个高性能的忠实执行器来使用,人们将更多的精力和注意力放到了如何提高数控系统的加工速度、精度以及加工自动化的实现上。在此发展过程中,人们的体力劳动得到了极大的解放,但是脑力劳动的自动化程度(即智能决策能力)却一直很低,各种加工问题的决策和最终解决仍然要依赖于操作人员的智慧来完成。要解放人类的脑力劳动,则需借助人工智能技术,实现数控系统的智能化。

人工智能是计算机学科的一个分支,被认为是 21 世纪三大尖端技术(基因工程、纳米科学、人工智能)之一。人工智能是对人的意识、思维的信息过程的模拟,目的是通过研究人类智能活动的规律,构造具有一定智能的人工系统。本质上其是研究如何让计算机去完成以往需要人的智力才能胜任的工作,也就是研究如何应用计算机的软硬件来模拟人类某些智能行为的基本理论、方法和技术。

人工智能技术如专家系统、模糊控制、人工神经网络、遗传算法等研究的不断深入,将推动数控系统智能化水平的不断提高。目前,数控系统的智能控制正在向以下三个方向发展:

①从单因子约束型的智能控制向过程综合因素优化的智能控制发展;

②由管理信息和技术信息离线的智能化向过程在线实时智能控制发展;

③由程序设定型智能控制向自主联想型智能化发展。

人工智能是关于知识的学科,是怎样表示知识以及怎样获得知识并使用知识的科学。传统的数控系统可以利用简单的数据流驱动系统正常工作,但缺乏足够的"智力",究其本质是数控系统掌握的相关知识太少,很难在现场加工过程中做出聪明决策。在整个制造过程中会充斥着各种各样的大量知识,而这些知识的表达、存储方式又千差万别。例如,手册形式的工艺规划准则、说明书形式的机床参数、电子文档形式的数控系统相关参数,以及国家标准形式的数控加工刀具等。而这些相关的加工知识都是数控系统实现智能化必备的,需要有一种有效的知识表达和组织形式能把所有的知识组织为易于数控系统统一管理和使用的一个加工知识库。

因此,数控系统智能水平的高低,取决于人工智能技术的发展程度以及加工知识库是否强大。

2.2　开放式智能数控系统软硬件平台

2.2.1　硬件平台

通用计算机的快速发展,为数控系统的开放奠定了技术基础,使数控技术有望从传统的封闭模式走出来,融入主流计算机中,并随主流计算机技术的迅速进步而快速发展。采用 PC 作为硬件平台即 CNC 的核心,其优越性表现在以下几点:

①PC 机兼容性好,可以采用最新的计算机软硬件技术以替代落后的 PC;

②可以极大的减少数控系统的开发费用,采用开放性策略,只需设计相应的接口模块即可;

③有利于加强 CNC 系统的性能,以往由于计算速度的限制由硬件实现的功能可以转用软件来实现;

④采用 PC 机可以大大提高 CNC 系统的可扩展性、可维护性和易操作性。

从当前国内外的研究情况看,利用 PC 机实现开放式数控系统的方式有三种:

第一种是将 PC 板卡嵌入到专用数控系统中;

第二种是将 NC 板卡嵌入到通用 PC 机中;

第三种是采用完全基于通用 PC 机的软件化数控方式。

将 PC 板卡嵌入到专用数控系统中,既可以保留原有的专用数控系统,又可以开放数控系统的人机界面,因而被专用数控系统制造商(如 SIEMENS 和 FANUC 等)所广泛采用。但是,这种方式只是实现了人机界面的开放,数控系统的核心部分仍然是封闭的。

将 NC 板卡嵌入到通用 PC 机中,既可以借助 PC 机实现人机界面的开放,又可以借助 NC 板卡的可编程能力实现系统的核心部分开放。与将 PC 板卡嵌入专用数控系统的方式对比,此种方式使数控系统的构建更加开放和快捷,所以得到了国内外研究人员的广泛采纳,但是这种数控系统的开放性高度依赖于特定的 NC 板卡(如美国 Delta Tau 公司的 PMAC 运动控制卡等),并且只能实现系统核心的局部开放。

　　基于通用 PC 机的软件化数控方式中,数控系统的基本功能完全由软件实现,系统的硬件部分由通用 PC 机、IO 通信设备及伺服驱动设备等标准化的硬件设备构成,从而使从人机界面到系统核心、从软件到硬件的全方位开放成为可能。相对于 PC 嵌入 NC 式,以及 NC 嵌入 PC 式的数控系统,此模式具有最大的开放性和柔性,同时能够充分利用当前 PC 强大的硬件资源,以及 PC 操作系统平台下丰富的软件资源。并且,这种方式也为数控系统能够不断地吸收计算机软硬件最新成果创造了条件,更有利于数控系统性能的提高以及更新换代,因而被认为是开放式数控系统的重点发展方向和趋势。作为一项重要的战略技术,发达国家已纷纷投入了巨大的人力物力对其展开了深入的研究,绪论中述及的 OMAC,OSACA,OSEC 研究计划就是典型代表。其典型产品有美国 MDSI 公司的 Open CNC 以及德国 PowerAutomation 公司的 PA8000 系列。

　　另外,数控系统与外界(如伺服系统等)的信息传递以及内部模块与模块之间的相互通信都是通过相应的接口实现的。其中数控系统与伺服驱动、IO 装置的接口是决定系统开放性、可扩展性的重要外部接口。传统的数控系统一般采用集成式的控制方式,即由一块中央控制板卡与各个现场设备如电机、IO 开关及各种传感器直接相连,每个设备通过一根独立的连线与中央控制器进行数据交换。集成式的控制方式存在下列缺点:

　　①控制结构固定不灵活缺乏开放性。控制结构固定不灵活,缺乏开放性,每增加一个现场设备,对应的硬件都需要进行大量的重新修改和配置,而且现场设备增加到一定数量后,整个控制结构将会变得臃肿而复杂。

　　②无法满足高速度、高精度数控加工要求。一般运动执行设备都是靠数字脉冲或者模拟量来驱动,当伺服轴的速度达到几十米每分钟的高速度时,每个插补周期产生的脉冲频率往往达到几百兆甚至上千兆,一般的传输线路和电子元器件都难以胜任如此高的传输频率。而且当传输距离稍微增大以后就容易受到现场干扰而产生传输错误,从而直接影响加工精度。

　　③现场设备缺乏智能和自治性。由于每个设备直接受控于中央控制器,现场设备执行的每一步命令均来自顶层,自己无法实现独立的控

制功能,从而使现场设备缺乏智能和自治性。

当前,数控系统与伺服系统的接口主要有三种:模拟接口、数字脉冲接口和数字伺服总线接口。自从数字式伺服系统问世之后,模拟接口的缺陷变得越来越明显。硬件上正从封闭集成式向现场总线方向发展。现场总线技术作为工业现场的一种通信网络,具有数据传输速度高、传输数据量大、扩展灵活、易于安装和维护等优点[82]。使用现场总线取代传统集中式的硬件结构是数控系统目前发展的主流。以现场总线作为数控系统的硬件实施平台,使数控系统的硬件结构获得了最大的开放性和柔性,方便硬件的扩展升级并具有可重构的特性,同时还能增加现场设备的智能性。值得注意的是,要实现数控系统的运动控制,需要的是现场总线中的实时以太网总线技术。

随着以太网技术从工厂的信息管理层向自动化控制底层的渗透,实时以太网总线应运而生,并大量取代传统控制总线应用于现场控制层。实时以太网(RTE, Real Time Ethernet)是工业以太网的延伸,可以满足工业控制领域对数据通信实时性和同步性的要求。不再兼容IEEE802.3 以太网标准(严格意义上,不再是以太网),遵循的是IEC61158 IEC61784—2 标准。IEC61158 第四版规定了 20 种现场总线、工业以太网和实时以太网,其中实时以太网八款,见表 2.1。

表 2.1　IEC61158 第四版规定的 20 种现场总线、工业以太网和实时以太网

序号	技术名称	种类	序号	技术名称	种类
1	TS61158	现场总线	11	TCnet	RTE
2	CIP	现场总线	12	EtherCAT	RTE
3	Profibus	现场总线	13	Ethernet Powerlink	RTE
4	P2NET	现场总线	14	EPA	RTE
5	FF HSE	高速以太网	15	Modbus2 RTPS	RTE
6	SwiftNet	被撤消	16	SERCOS I . II	现场总线
7	WorldFIP	现场总线	17	VNET/ IP	RTE
8	INTERBUS	现场总线	18	CC2Link	现场总线
9	FF H1	现场总线	19	SERCOS III	RTE

续表 2.1

序号	技术名称	种类	序号	技术名称	种类
10	PROFINET	RTE	20	HART	现场总线

注:EPA——Ethernet for Plant Automation;

　　SERCOS——Serial Real-time COmmunication System;

　　PROFINET——PROcess FIeld NET;

　　EtherCAT——Ethernet for Control Automation Technology;

　　Modbus2 RTPS——Modbus2 Real-time Publish/Subscribe。

四款常用实时以太网总线性能对比,见表 2.2。

表 2.2　四款实时以太网总线性能对比

比较项	Ethernet Powerlink	PROFINET IRT	SERCOS III	EtherCAT
抖动	$\ll 1\mu s$	$1\mu s$	$<1\mu s$	$\ll 1\mu s$
循环周期	$100\mu s$(Max)	1 ms	$25\mu s$	$100\mu s$
传输距离	100 m	100 m	40 m	100 m
是否需特殊硬件	无	ASIC	FPGA 或 ASIC	ASIC
开放性	开源技术	需授权	需授权	需授权
始创公司	B&R(贝加莱)	SIEMENS	Rexroth	Beckhoff
拓扑结构	任意拓扑	受限	受限(环形)	灵活拓扑
同步方式	IEEE1588 时钟同步	IEEE1588 时钟同步	MST 报文	分布时钟
通信机制	Time-scheduled Telegram	Time-scheduled Telegram	Time-scheduled Telegram	Flying Telegram
是否需要 RTOS 或特殊控制器	Yes	Yes	Yes	Yes
网络编程	简单	复杂	复杂	复杂
网络关注	I/O 运动控制	现场总线 运动控制	运动控制	I/O 运动控制

总之,工业伺服现场总线的迅速发展及标准化的实现,为数控系统的开放性奠定了坚实的基础,采用实时以太网总线技术作为底层硬件实施平台是智能型数控系统实现的理想硬件平台,也是软件数控技术发展的又一个重要推动力。

2.2.2　软件平台

数控系统是一种硬实时系统,那么它所采用的操作系统当然必须具备实时性。常见的实时操作系统有以下几种:

1. DOS 操作系统 DOS(Disk Operationg System)

DOS 操作系统是典型的单进程、单线程的单任务实时系统;只能进行单任务编程,人机交互和网络功能差,且缺乏技术支持。

2. 嵌入式操作系统

嵌入式实时系统,如美国 Wind River System Inc. 的 VxWorks、加拿大 QNX Software Systems Ltd. 的 QNX、美国 CMX System Inc. 的 CMX、美国 Microsoft 公司的 Windows CE 等,在工业控制领域应用较广泛,实时性能够满足硬实时控制系统的要求[83]。这类实时操作系统的应用总是结合上位机构成双 CPU 系统协调工作,上位机操作系统中主要完成一些非实时或弱实时任务,而实时操作系统则专注于实现实时要求高的任务。因此限制了这类实时操作系统的应用,多用于一些嵌入式的控制系统中。同时,这类系统具有提供的开发环境单一、支持工具较少以及不具备很好的兼容性等缺点,也影响了其在开放式控制系统开发中的应用。

3. 基于 Linux 的实时操作系统

Linux 本身并不具有较好的硬实时性能,但它是一种源代码开放的操作系统。开发人员可以在 Linux 操作系统源代码的基础上,对其代码进行适当的修改,实现满足一定硬实时性的操作系统软件。目前,基于 Linux 的实时操作系统有 FSMLabs 公司的 RTLinux、LynuxWorks 公司的 LynxOS 和 Blue Cat Linux,以及 MontaVistaSoftware 的 Hard Hat Linux。RTLinux 是一个能运行在多种硬件平台上的 32 位硬实时系统,且具有优良的实时性能和稳定性,目前国内一些研究机构已采用这种软件平台开发自己的控制器[84]。但是这类操作系统的安全性能不能完全得到保证,不能支持多数的硬件系统,且目前基于 Linux 的软件资源还不够丰富。

4. Windows 实时扩展操作系统

Windows 凭借其 Win32API 的广泛应用,以及开放的体系结构成为工业控制中操作系统较为理想的候选者。但是,这个系列的操作系统(Windows NT/2000/XP/Win7/Win10 等)实时性能较差,其中断响应时间延时高达 1~2 s,不能满足数控系统的实时响应要求。

Windows 操作系统在实时应用方面存在以下缺点:

①线程优先级太少;

②隐含不确定的线程调度机制;

③优先级倒置(即当某一高优先级线程要使用的资源被另一低优先级线程占用时,操作系统将该低优先级线程的优先级提高,使其先运行从而释放资源),尤其体现在中断处理中。

虽然基于 Win32 下的定时器的最小计时单位理论上可以达到 1 ms,但其是非确定性系统,最小响应时间不能总被保证。因此,许多软件开发商开发了针对 Windows 的实时扩展,诸如美国 IntervalZero 公司的 RTX、TenAsys 公司的 Intime、Nematron 公司的 HyperKernel。它们都是在保全 Windows 原有功能的基础上,提供优异的实时性能。并且这类产品经过 OMAC 工作组严格的实时测试,测试结果表明它们的实时性能完全满足数控系统的要求[85]。

RTX[86](Real-Time eExtension)是美国 IntervalZero 公司开发的对 Windows 系统的实时扩展子系统,其内置于 Windows,可以认为是 Windows 的一个子系统 RTSS(Real-Time Subsystem),如图 2.1 所示。它不影响 Windows 的原有功能,而增强了其实时性能。实际上,IntervalZero 公司获得了 Windows 的源代码,对其硬件抽象层 HAL 进行了实时扩展。该实时硬件抽象扩展层隔离了 RTSS 和 Windows 之间的中断,RTSS 进程运行时 Windows 的中断被屏蔽,但 Windows 不能屏蔽 RTSS 管理的中断。在单 CPU 的情况下,所有 RTSS 线程的优先级高于所有 Windows 线程优先级(包括 Windows 管理的中断和延迟过程调用 DPCs)。RTX 可以保证任意线程的最差响应时间为 50 μs。

RTX 是由硬件抽象层 HAL(HardWare Abstract Layer)扩展、实时子系统 RTSS 及实时开发工具库组成,如图 2.2 所示。

RTX 实现了确定性的实时线程调度、实时环境和与原始 Windows

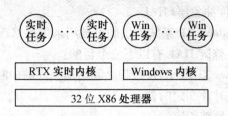

图 2.1　Windows+RTX 示意图

环境之间的进程间通信机制,以及其他只在特定的实时操作系统中才有的对 Windows 系统的扩展特性。

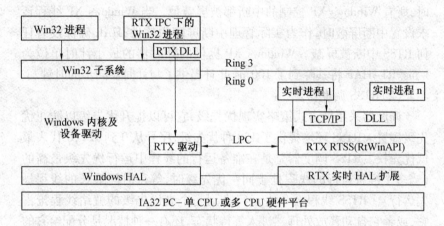

图 2.2　RTX 系统架构

现以 Windows XP 扩展 RTX 为例进行介绍。RTX 被实现为一套库的集合(动态库与静态库),RTSS 作为 Windows XP 的内核设备驱动与 HAL 扩展,如图 2.2 所示。子系统实现前面提到的实时对象和调度器。通过一套被称作 RtWinAPI 的实时 API (RtWinAPI 同时也被 Windows CE 和 Phar Lap ETS 支持),这套库提供了对这些对象的访问方法。RtWinAPI 可以被标准 Win32 环境和 RTSS 环境调用。虽然在 Win32 环境中使用 RtWinAPI 不能提供在 RTSS 下的确定性,但是却可以允许应用程序在更加友好的 Win32 编程环境中开发而不是 DDK 环境。将 Win32 程序转化为 RTX 程序只需要重新链接一套不同的库而已。Windows XP 服务控制管理器直接将 RTX 进程和动态链接库 (DLL,Dynamic Link Library)的可执行映像装入内核的不分页内存中。

（1）实时硬件抽象层（HAL）。

HAL 是 Windows XP 系统提供的可被用来进行修改和扩展的资源的一部分。RTX 修改 HAL 有以下三个目的：

①在 Windows XP 和 RTX 线程之间增加独立的中断间隔；

②实现高速时钟和定时器；

③实现关闭处理程序。

中断隔离意味着 Windows XP 线程和 Windows XP 管理的设备不可能中断 RTSS，同时 Windows XP 线程也不能屏蔽 RTSS 管理的设备。HAL 通过控制处理器级的中断屏蔽满足这些条件。当运行 RTSS 线程时，所有 Windows XP 控制的中断都被屏蔽掉。当 Windows XP 线程请求设置中断屏蔽时，作为实际管理中断屏蔽的软件，HAL 确保没有任何 RTSS 中断被屏蔽。Windows XP 提供的计时器的最小计时单位为 1 ms。RT-HAL 将其降到了 100 ns 并且提供了与计时器同步的时钟。

（2）RTSS 调度器。

调度器采用抢占式策略实现优先级，它可以提升优先级以防止优先级倒置。RTSS 环境提供了 128 种优先级，序号从 0 到 127，0 代表最低优先权。RTSS 调度器总是在准备运行的线程中运行优先级最高的（当多个准备运行的线程处于同一优先级时，等待时间最长的线程最先运行）。RTSS 线程会一直运行直到一个高优先级的就绪线程抢占它，或者它自动释放处理器进入等待状态，还有一种情况是分配给它的时间片用光（缺省值是无限）而另一个同优先级线程已经就绪。

调度器在编码设计阶段就被设计为满足实时处理的需要。最重要的是它的操作是低延迟的，并且不受它所管理的线程数影响。每个优先级都有自己的等待队列，是一个双向链表。这就使得对于链表的插入（表尾）和删除（表的任何位置）操作的执行时间独立于链表中的线程数。一个数组会纪录哪些链表当前是空的，这个数组是由高速的由汇编代码写成的子程序进行维护的。

当一个 RTSS 线程运行时，所有 Windows XP 管理的中断以及任何拥有低优先级的线程所管理的中断都一律被屏蔽掉。相反地，所有拥有高优先级的线程所管理的中断都不会被屏蔽，并且允许其打断当前线程。除了这些设备中断，其他可以导致当前线程被中断的机制包括，一个使拥有高优先级的线程就绪的定时器的到期，一个标明高优先级线程正在等待的同步对象信号(正在运行线程的同步对象)。

为了解决线程抢占的问题,RTSS 采用了经典的优先级提升的解决方案。当一个低优先级线程拥有一个高优先级线程等待的对象时,在它拥有对象的时间内会被自动提升到较高的优先级别。

(3)动态链接库。

提到 Win32 就不得不提到动态链接库。RTSS 支持 Win32 DLL API(LoadLibrary 函数、GetProcAddress 函数)。RTSS 的 DLL 中定义的所有静态和全局变量都能被链接到其上的任何 RTSS 进程所共享。

(4)使用 Visual Studio 创建 RTX 应用程序。

通过 RTX 提供的头文件和库函数,RTX 应用程序可以像其他任何 Windows 应用程序一样被 Microsoft Visual Studio 编译和链接。Application wizard 可以用来更改工程设置和创建源代码框架。从 RTX5.1 开始,Visual Studio debugger 可以像调试其他 Win32 进程一样调试运行 RTX 进程。进程与线程的变量和断点可以被设置和管理。

2.3 体系模式

只有在数控系统的控制功能被细分成很多单元,且各功能单元之间的接口被详尽地定义的情况下,不同的软件供应商才能提供具有各自特色的功能单元模块,数控系统才能真正做到不依赖于特定的供应商。所以,模块化是实现开放式数控系统的前提。

为了将数控系统内部的各模块协调地组合在一起,构成开放式数控系统,需要一组完整且标准的 API 集合。这就要求有一个国际标准能规定数控系统内部所有模块(包括实时部分,如运动控制、轴控制、PLC 功能等)的接口,但目前还没有这方面的标准。

始于 1992 年欧洲共同体的 OSACA 计划是开放式数控系统领域的第一个国际化研究工程,随后,日本的 OSEC 工程和美国的 OMAC 工程也做了相似的努力。他们都采用了模块化的结构,并规定了系统集成的内部接口——模块 API。这三个国际化的工程在开放式数控系统领域最具影响力,都为尽快形成开放结构控制器的国际标准作出了巨大的努力。

2.3.1　欧盟的 OSACA 工程

在 1990 年,欧洲的几个主要的数控系统制造商(如德国 Siemens、Bosch 和 Atek,法国的 Num,西班牙的 Fageor)、机床生产厂(如意大利的 Comau,法国的 Huron,德国的 Index)和科研单位(如德国 Stuttgart 大学的机床控制研究所,德国 Aachen 大学的机床试验室和瑞士的 CIM-CBT 等)联合发起了 OSACA 研究工程,并于 1992 年 5 月为欧盟所接受,纳入欧盟计划,并拨款 770 万欧元支持该工程的实施。

OSACA 参照开放式系统及其互联模型提出了一个"分层的系统平台+结构化的功能单元"的体系结构,保证各种应用系统与操作平台的无关性及相互间的互操作性,如图 1.2 所示。

1. 系统平台

系统平台包括系统硬件和系统软件。系统硬件包括各种电子部件,例如主板和 I/O 模块;系统软件包括操作系统、通信系统、配置系统、图形服务器和可选用的数据库等。系统平台为应用程序提供一组标准 API,API 隐藏了与平台相关的实际操作,这样就允许各应用模块在不同的环境中移植。

2. 功能单元 OSACA

所采用的基本技术方法是将数控系统的控制功能逐层分解为功能单元(图 1.2 中所示的 AO 就是功能单元的实现对象),并采用面向对象的方法规定每一个功能单元的接口。功能单元按其控制功能可分为:人机控制单元、运动控制单元、逻辑控制单元、轴控制单元和过程控制单元等。

数据接口由支持对内部数据结构进行读写操作(数据流)的变量对象组成。数据既有简单类型,也有复杂类型(如数组、结构、联合等)。通过使用规范化的模板,可以指定一个接口对象的所有特性。这些元素包括名字、类型、数据的访问权限等。

过程接口由几个过程处理对象组成,它们通过有限状态机来描述应用模块的动态行为(控制流)。一个有限状态机由静态状态、动态状态以及引起状态改变的转移构成。转移能够处理通过通信平台在应用程序模块间传送数据的输入输出参数。过程接口的规范化模板包括一个明确的描述和下列属性:静态状态表、动态状态表和状态转移。过程接口也可通过本地或远程过程调用激活专用功能。

OSACA 的主要问题是自 1998 年正式停止后就没有新的发展,由于它的主要工作是 90 年代早期完成的,一些软件方案(如域名约定、变量的使用等)现在来看已显陈旧。

2.3.2　日本的 OSEC 工程

OSEC 工程是在日本国际机器人和工厂自动化研究中心 IROFA(International Robotics and Factory Automation Center)建立的开放式数字控制委员会的倡导下,由三个机床厂商(Toyoda,Toshiba,Mazak)、一个数控系统厂商(Mitsubishi)和两个信息公司(SML,日本 IBM)发起的。其目的是开发基于 PC 平台的,具有高性能价格比的开放式体系结构的新一代数控系统[66]。

OSEC 工程仅聚焦于 PC 平台和 Windows 环境,而不支持分布式控制。

OSEC 工程提出的开放式数控系统参考结构包括了零件造型、工艺规划(加工顺序、刀库夹具、切削条件等)、机床控制处理(程序解释、操作模块控制、智能处理等)、刀具轨迹控制、逻辑控制、轴控制等功能模块,这些功能模块并不形成层次结构,而是通过 OSEC API 形式的消息通信互相连接起来,如图 1.3 所示。

OSEC 工程认为 ISO 所采用的 EIA(Electronic Industries Association,USA)代码是 60 年代制定的代码,现已过时,为此提出了 OSEL 加工语言体系,这种语言的特点是既可与 EIA 信息码及刀具轨迹数据兼容,满足实时插补要求,又能直接使用通用轨迹描述语言(如曲线和曲面)表达信息,可以为离线 CAD/CAM 与数控系统之间提供真正的连接。

2.3.3　美国的 OMAC 工程

OMAC 工程用户组是一个致力于提升控制器技术水平的工业研讨会。OMAC 的目标之一是定义一个最终被提交为标准的 API 协议。

OMAC API 采纳基于构件的软件思想实现"即插即用"的模块化,并使用接口类规定 API。为适应分布式通信,基于构件的技术采用代理存根模式来处理进程间的方法调用。OMAC API 包含不同粒度和类型的可复用的即插即用插件——构件、模块和任务,每一种都拥有一个唯一的有限状态机(FSM,Finite-state Machine)模型,以便以一种可知的方式实现构件的协作。术语构件(component)是指在可复用的软件段,它是构建应用程序的最基本的"建筑块",而术语模块(module)是指一个包含一些构件的包容体。任务(task)是用来封装可编程的功能行为的构件,这里的可编程的功能行为是指一组从头到尾顺序执行的操作步骤,如启动、停止、重启、暂停和恢复等。任务包括暂态任务(如RS274 程序)以及处理特定的控制器需求的驻留任务,如机床回原点、换刀、急停等。

　　为了集成构件,需要有一个框架(framework)。构件框架是构件实例"即插即用"的支撑结构。OMAC API 使用微软的 COM 作为目前的构件框架,在这个框架内开发构件的数控厂商可以专注于专用控制程序的改进。使用 COM 构件框架的最大问题是必须使用 Windows 操作系统,而 Windows 操作系统不具备硬实时性,但这个问题可以通过使用第三方 Windows 实时扩展软件来解决。

2.3.4　三个工程项目的比较

　　OSACA,OSEC,OMAC 三个工程项目在开放体系结构控制器领域的研究非常深入,并且影响也极为广泛。世界著名控制器、机床生产商都积极参与其中,而且前面介绍的各国知名大学研究机构开展的研究活动也都与这三个项目的渊源较深,多数或是它们的前身,或是起源于这三个项目,属于它们的延伸或分支。因此对这三个项目的异同点进行详细的分析,对于开放体系结构控制器的研究与实现是非常重要的。

　　三个工程项目的初衷都是建立一个可以被广泛接受、与销售商无关的开放体系结构控制器,并最终形成一个关于开放体系结构控制器的国际标准。它们研究的内容基本相同,主要集中于以下几个方面:

　　①开放式体系结构基本概念;

　　②面向对象的系统功能模型设计,功能部件的模块化和可重用能力;

　　③数控语言的改进、人机交互的标准化和可定制能力;

　　④控制器与伺服、反馈接口总线的数字化、标准化等。

　　能否由这三个项目达成一个统一开放体系结构控制标准取决于它

们的研究成果是否兼容。表 2.3 是从应用程序接口 API、参考体系结构(Reference architecture)、底层基础结构(Infrastructure)三个方面进行比较的情况[87,88]。

表2.3　OSACA,OSEC,OMAC 项目的比较

内容		OSACA	OSEC	OMAC
应用程序接口 API	类型	面向对象	函数	组件提供的接口
	定义形式	C++	C	IDL
	粒度	适中	较大	很小
	数目	100 个左右(包括变量、事件等)	大约 150 个函数	上千个函数,类型多样
参考体系结构	形式	有	有	作为构造单元的模块
	命名的模块	9	7	14
	潜在的应用范围	较广	较广	广泛
	模块内部描述	无	无	有限状态机
底层基础结构	通信平台	特定于 OSACA 的	特定的动态链接库	任意
	基于 PC 机	可面向其他硬件平台	仅基于 PC 机	任意
	编程语言	C/C++	C/C++	C/C++/Java
	分布应用	可	否	可
	支持 DCOM,CORBA 应用	否	否	可

1. 应用程序接口 API

这三个项目分别按照一定的方式对系统功能进行了模块划分,但是彼此模块在逻辑上是不兼容的,一个系统的模块结构无法与另一个系统的模块结构相对应。例如,在某个系统中,一个属于轴模块的方法或函数在另一个系统中却是属于运动模块的。比较而言,OMAC 接口的规定完整详细,也十分复杂;OSACA 的模块粒度适中,OSEC 的函数简单易于理解,但是后两者接口规范的详细程度并不能真正确保相同抽象模块之间的互操作。

2. 参考体系结构

OSACA 和 OMSEC 都给出了明确的参考体系结构;OMAC 没有直接给出参考体系结构,但是定义了系统的组成模块,内部描述详细。

3. 底层基础结构

OSACA 需要自己的运行平台,所以当基于 OSACA 的控制器移植到一个新的环境时需要进行一定量的软件开发工作。OSEC 局限于 PC+Windows 环境。只有 OMAC 是真正面向多种软硬件平台的。

比较的结果并不乐观,这三个项目底层基础结构差异较大,参考结构各异,并采用不同方法对数控系统的功能进行分组、描述,很难将它们简单地融合形成一个统一的开放体系结构控制器的标准和规范。其中 OSACA 的主要问题在于它是在 20 世纪 90 年代进行的,并且在 1998 年随 EC 项目的中止而基本处于停滞状态,它采用的一些技术手段在今天看来都略显陈旧了。OSEC 没有采用面向对象技术,而且仅针对于 PC 机和 Windows 环境,应用范围受到限制。OMAC 则借鉴了许多另外两个项目的研究成果,并且继续进行 HMI、Windows 下的实时问题、新型 NC 加工编程语言等方面的研究,且得到 FANUC、SIEMENS、Allen-Bradley 等著名数控系统生产厂商的支持。这三个国际化的工程在实现开放式数控系统方面都有很多有效的方法,但研究人员无法将这三个计划的结果简单地集成到一个统一的开放式数控系统中。而业界又非常需要一个通用的、能被各方所接受的、且被大多数数控系统一线厂商所支持的 API 接口国际标准。否则就会形成这样的情况:用很多"不依赖于特定供应商"的不兼容的数控系统替代了很多"厂商专有"的不兼容的数控系统,最终仍然达不到彻底开放的目的。

总之,与其他两个项目相比 OMAC 的优势较为明显,在开放式数控系统的研究过程中有许多值得借鉴和参考的地方。

2.4　整体架构

本书所提出的开放式智能数控系统框架,是基于 OMAC 的开放模型。OMAC 的主要目标是:明确开放式数控系统的用户需求,开发满足这种需求的公共 API,同时为开放式控制器的设计、实现和商品化中的各种问题提供解决方案。

2.4.1　采用构件/框架结构

1.基于构件开发方法的概念

基于构件的开发(Component-Based Development,CBD)是一种软件开发范型,它是在一定构件模型的支持下,复用构件库中的一个或多个软件构件,通过组合手段高效率、高质量地构造应用软件系统的过程[89]。由于以分布式对象为基础的构件实现技术日趋成熟,基于构件的开发已经成为现今软件复用实践的研究热点,被认为是最具潜力的软件工程发展方向之一。

Szyperski[90]把构件定义为"软件构件是一个仅带特定契约接口和显式语境依赖的结构单元",同时他还写道:"软件构件可以独立部署,易于第三方整合。"

根据这个观点,可以认为构件由一方定义其规格说明,被另一方实现,然后供给第三方使用。接口(interface)是用户与构件发生交互的连接渠道,第三方只能通过构件接口的规格说明理解和复用构件。

构件框架(Framework)是构件实例"即插即用"的支撑结构。通过一定的环境条件和交互规则,构件框架允许一组构件形成一个"孤岛",独立地与外部构件或其他框架交互和协作,因此构件框架及其内含的构件也可以视为一个构件,于是构件通过不断的迭代和合成,构成一个结构复杂的应用系统。目前,有多个组织和公司制定了构件基础设施的标准或开发了相关产品,也为构件、构件框架和接口建立了模型和技术规范,其中 OMG CORBA,Microsoft COM/DCOM(或.NET)以及Sun JavaBean 占主导地位。

通过购买获得的第三方构件称为 COTS(commercial off-the-shelf)构件,作为内部(in-house)构件的对应概念。使用 COTS 是无源码的完全黑盒复用,既有成本低、即买即用的优点,又有不一定满足需求或误配的风险。

CBD 遵循"购买而非创建(buy, don't build)"的开发理念[91],让开发人员从"一切从头开始"(build from scratch)的程序编制转向软件组装。

　　构件技术与面向对象技术紧密相关。构件和对象都是对现实世界的抽象描述,通过接口封装了可复用的代码实现,不同之处如下:

　　首先,在概念层面上,对象描述客观世界实体(identity),构件提供客观世界服务(service);

　　其次,在复用策略上,对象是通过继承实现复用,而构件是通过合成实现复用;

　　最后,在技术手段上,构件通过对象技术而实现,对象按规定经过适当的接口包装(wrap)之后成为构件,一个构件通常是多个对象的集合体。

2. OMAC API 中基于构件的方法

　　OMAC API 工作组采用基于构件技术以实现开放结构。这个协议定义了涵盖大量机床控制功能的构件和一个用来集成这些构件的构件框架[92]。OMAC API 基于构件的抽象层次基于构件的抽象层中的不同要素之间的关系如图 2.3 所示。

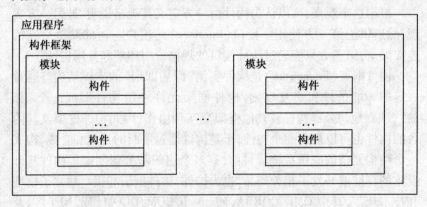

图 2.3　OMAC API 基于构件的抽象层次

　　①应用程序是一个用于机床控制的数控系统程序;

　　②构件框架是集成软件的基础平台,它可以是微软的 COM 或 OMG 的 CORBA 等;

　　③构件是一个可复用的软件块,是开放式数控系统程序的最基本的构造单元,在 OMAC API 协议中定义的构件包括 IO 点、控制计划、坐标变换(设定)和控制规律等;

　　④接口定义了构件的功能性,一个构件可以包含通过聚合或继承

而得到的多个接口,新的构件可以通过聚合或特化的方法来扩充功能;

⑤模块也是一类构件,它包含一些其他构件的包容体,模块提供了一种存储构件引用并在其后访问构件引用的方法。

OMAC API 协议定义了 14 种模块,如轴、轴组、任务协调器和离散逻辑等,如图 2.4 所示。

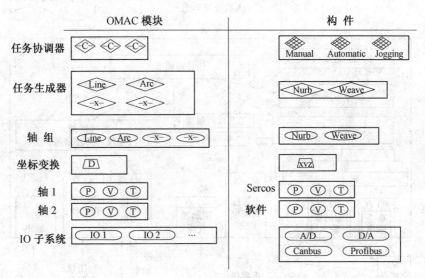

图 2.4　模块与构件的关系示意图

图 2.5 描述的是应用 OMAC API 协议构造的一个三轴铣削数控系统。其中三个进给轴是相同的,都由 PWM 驱动器、放大器使能控制、放大器错误状态信号、编码器和回零及轴限位开关等组成;一个加工过程监测系统被假定由一些监测冷却温度和油压的模拟或数字式传感器组成;一个安全保障系统被假定由一系列监测 E-Stop,Power-Up 和 Reset 的输入开关组成;一个悬挂式的控制面板被假定提供带有一系列控制功能如零件程序选择、循环启动/停止、暂停、进给倍率调整、MDI 输入和 Jog 等的操作序列。加工零件程序采用 EIA RS274 格式,系统还能够显示加工状态,例如,零件加工代码、设备状态和故障诊断信息等。

这个应用实例由七个主要系统组成,每个系统由一个或多个可替换的模块组成,模块通过接口连接在一起。模块式开放结构的主要特点是系统可以不断地调整以适应经常变化的需求。这个特点一般通过三种方式保证:添加模块、更换模块以及通过重新连接接口来重组模块。

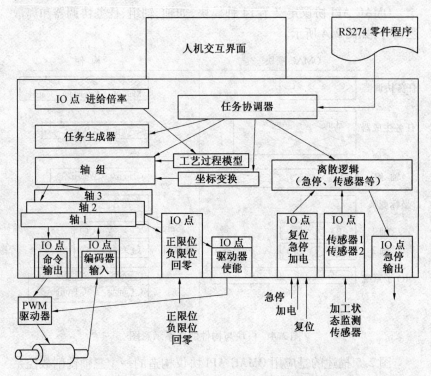

图 2.5 应用 OMAC API 协议构造的三轴铣削数控系统

这七个主要系统包括:

①IO 系统:由多个 IO 模块组成;

②轴系统:由一个或多个轴模块组成;

③轨迹生成系统:由一个或多个轴组模块、过程处理模块和坐标变换模块组成;

④任务协调器系统:由一个或多个任务协调器模块组成;

⑤离散逻辑系统:由一个或多个离散逻辑模块组成;

⑥零件程序译码器系统;

⑦人机界面系统。

在 OMAC API 中,实现重组的基础是构件插件。图 2.6 为 OMAC

构件接口模型。使用 UML（Unified Modeling Language）给出的一个构件通用模型包括功能接口、基础接口和连接接口。其为处理通常的软件功能提供了一组统一的接口，通常的软件功能一般包括正常运行、安装、构造和析构、参数配置、初始化、启动和停机、许可、安全性和注册、永久数据保存和恢复、使能和使不能、绑定和发现、命名和自省等。

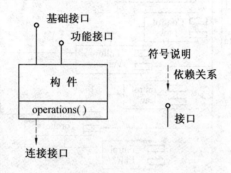

图 2.6　OMAC 构件接口模型

功能接口展示构件的控制能力。这类接口包括行为、状态和参数操作的方法。基础接口提供了对多种应用框架的支持。基础接口处理构件辨识和注册，构件用这类接口发布它能做什么、它在哪儿以及它如何运行。连接接口用来发布模块的依赖性，诸如它需要什么服务、它所支持的输入和输出事件，因此这类接口说明了模块需要什么。

图 2.7 介绍的是一个轴模块内构件之间的关系，相应的构件插件包括协调类构件（如命令输入、命令输出、传感器状态）、伺服构件（如位置伺服、速度伺服、扭矩伺服）以及 IO 点构件（如坐标轴极限位置限位开关、回零限位开关）。轴模块可以被定制以适应具体要求，如采用单一的速度伺服构件控制主轴，但构件插件的概念是一致的。

构件也可以被定制来满足专用数控系统的要求。以命令输出构件为例，它可以被符合 SERCOS 标准的命令输出构件或采用 MACRO 协议的命令输出构件所替代，以满足不同的伺服系统的需要，而轴模块中的其他构件保持不变。

2.4.2　使用客户机/服务器通信模式

OMAC API 采用客户机/服务器的模式来实现对象间的通信。在这种模式下，一个对象作为服务器，而这个对象的使用者称为客户机。

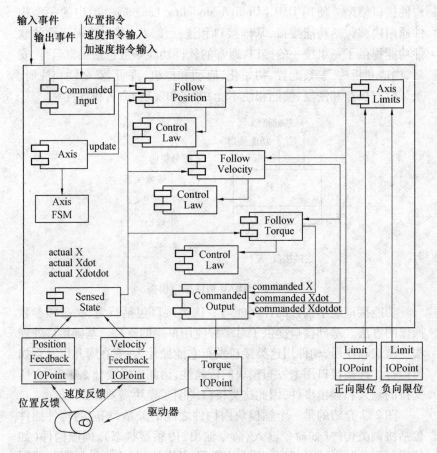

图 2.7　由构件插件组成的轴模块实例

一个对象既可以作为客户机,又可以作为服务器来使用。对象间的协作是通过由客户机向服务器发出请求,服务器响应客户机的请求来实现的。对于 OMAC API,客户机调用类方法以实现上面描述的协作行为。客户机使用存取方法操作数据,存取方法通过对数据的抽象隐藏了数据的具体物理意义。

　　标准的客户机/服务器请求引发一个同步操作的执行。同步执行在客户机/服务器中做一个往返:客户机发布一个请求后服务器接到一个方法调用,执行相应的方法实现,并向客户机送回一个应答信号。OMAC API 定义了三种类型的客户机/服务器请求:参数请求、指令请求和监视器请求。

（1）参数请求是利用方法调用对对象的数据成员进行读写操作，这种操作可在一个往返中完成。参数请求不需要状态空间逻辑。

（2）指令请求传送的是事件，它能引发服务器的状态转移并产生一个新的服务器状态。指令请求可能运行一个或多个循环，如轴模块完成机床回原点操作。响应这类请求时，客户机和服务器之间的协调需要状态空间逻辑，且基于服务器的有限状态机模型。

（3）监视器请求协调多个模块的执行，如轴模块的机床回原点操作。监视器请求需要状态空间逻辑，其向轴模块发送一个事件，而如何执行取决于它的状态空间逻辑。每一个伺服周期调用一次方法以实现轴模块的周期执行：在每个周期，它取得数据（位置指令值和实际反馈值）并产生新的输出点。

客户机的指令请求和监视器请求可以来自不同的线程。图 2.8 为多线程的客户机/服务器模式示例。一个服务器带有多个客户机，它们运行在不同的线程：轴组线程向各轴发出指令位置坐标，而定时更新器线程为各轴定时、同步及排列服务顺序以协调指令执行。

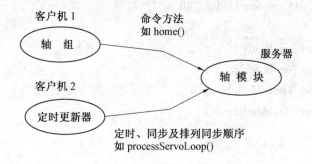

图 2.8　多线程的客户机/服务器模式示例

2.4.3　使用 IDL 语言定义接口

API 代表应用程序接口，它是指一个概念性的软件"黑箱"的编程前端。API 由每个"黑箱"的一系列标识符组成，而一个标识符是指带有函数名、调用顺序和返回参数的前端。例如，标识符"double cos (x)"可以表示一个余弦函数。API 关心的是标识符，而不是具体实现。

比如余弦函数,既可以用查表的方法实现,也可以用泰勒序列的方法实现。

标准化的 API 有助于减少编程的复杂性。API 理论上可以用任何一种编程语言来定义,但在定义一个标准的 API 时,这可能会带来一些问题,因为数控行业有可能采用多种编程语言和平台。OMAC API 选择 IDL(Interface Definition Language)作为它的协议语言,因为 IDL 可以被映射到多种编程语言,并被开发人员直接引用,如图 2.9 所示。

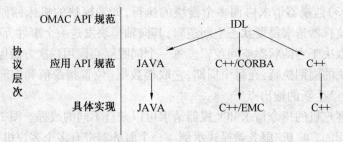

图 2.9　协议语言映射关系

下面给出的是 OMAC API 协议中任务生成器模块的具体定义:

```
// TaskGeneratorModule. idl
//
import "oaidl. idl";
import "ocidl. idl";
import "OmacModule. idl";
import "TaskModule. idl";


    [
    object,
    uuid( B9D80BB1-E9B5-11D5-AB70-00B0D022C7BD),
    helpstring("ITaskGenerator Interface"),
    pointer_default( unique)
    ]
    interface ITaskGenerator : IOmac
    {

    HRESULT _stdcall setProgramName([in] BSTR s);
```

```
        HRESULT _ stdcall getProgramName ([out, retval] BSTR *
name ) ;
        HRESULT _stdcall checkSyntax([out, retval] boolean * flag) ;
        HRESULT _ stdcall getErrorCodes ([out, retval] BSTR *
results) ;
        HRESULT _ stdcall translate ([out, retval] IProgram * *
program) ;
        HRESULT _stdcall getNextStep([out, retval] IExecutionStep
* * cpu) ;
    } ;
[
    uuid( B9D80BA2-E9B5-11D5-AB70-00B0D022C7BD) ,
    version(1.0) ,
    helpstring("TaskGeneratorModule 1.0 Type Library")
]
library TASKGENERATORMODULELib
{
    importlib("stdole32.tlb") ;
    importlib("stdole2.tlb") ;
    [
        uuid( B9D80BB3-E9B5-11D5-AB70-00B0D022C7BD) ,
        helpstring("_ITaskGeneratorEvents Interface")
    ]
    dispinterface _ITaskGeneratorEvents
    {
        properties:
        methods:
    } ;
    [
        uuid( B9D80BB2-E9B5-11D5-AB70-00B0D022C7BD) ,
        helpstring("TaskGenerator Class")
    ]
```

```
coclass TaskGenerator
{
    [default] interface ITaskGenerator;
    [default, source] dispinterface _ITaskGeneratorEvents;
};
};
```

2.4.4　有限状态机技术

有限状态机(FSM)是由有限个状态和它们之间的转移构成,在任一时刻它只能处于有限状态中的一个。在接收到某个输入事件时,状态机将会产生一个输出动作,并可能伴随有状态的转移。FSM 模型包括以下构成要素:

(1)状态。

在 FSM 生命周期中满足某些条件、等待某些事件触发、执行某些动作的一个阶段,通常可以持续一定的时间。

(2)事件。

在时间和空间中显式出现的、能触发状态机的状态发生转移的一个现象。事件可能由内部生成也可能来自外部,包括定时事件和信号事件。

(3)转移。

从源状态到目标状态的移动。发生某个状态转移时,相关对象会执行某些具体的动作。

(4)动作。

状态发生转移时对象完成的一系列处理操作。

在开放式智能数控系统的研制过程中,采用层级式 FSM 描述数控系统的行为。复杂加工系统的行为可被分解为多个子系统的行为,并用单独的 FSM 描述,采用这种模式,每个系统部件可以被独立地设计、开发和测试,最后再把这些子系统集成起来构成系统。FSM 采用分层结构来描述,其原理如图 2.10 所示。

开放式智能数控系统利用层级式 FSM 的模式可以实现向系统中加入或从系统中移出部件,而对系统的功能不会造成破坏。因此,FSM 方法有助于一个新部件的控制流容易地集成到已存在的系统中去,同时也使得已存在的部件的控制流的修改变得更容易。

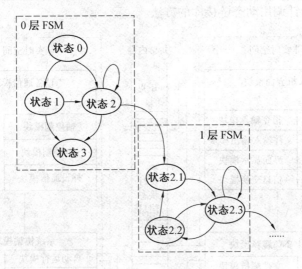

图 2.10　层级式 FSM 示意图

2.4.5　系统架构

系统构架,是对已确定的需求的技术实现构架、作好规划,运用成套完整的工具,在规划的步骤下去完成任务。基于前文的分析与讨论,哈尔滨工业大学建立的基于 PC 机的软件化开放式智能数控系统总体架构,如图 2.11 所示。

软件内核的功能模块分布在非实时和实时两个空间,前者用于处理界面显示、文件解释和任务生成等没有严格运行周期要求的任务,后者用于处理系统协调和插补计算等强实时任务。根据功能类型的不同,可以分别采用可执行程序和动态链接库的方式来封装开放式智能数控系统的各个软件模块。其中人机界面模块和系统协调模块为可执行程序,其他 4 个模块为动态链接库。在启动数控系统时,首先打开人机界面模块的显示与控制进程和系统协调模块的系统协调进程,然后这两个进程初始化系统环境分别创建用于完成不同数控功能的线程,之后由系统的两个主进程在软件内核的底层支撑整个系统的运行,并根据数控系统的工作状态激活相应的线程。而其他 4 个模块所对应的动态链接库在系统运行的大多数时间内处于非激活状态,系统的主进程在启动时会获得动态链接库的应用程序接口指针,当需要相应功能时通过指针调用动态链接库的方法。

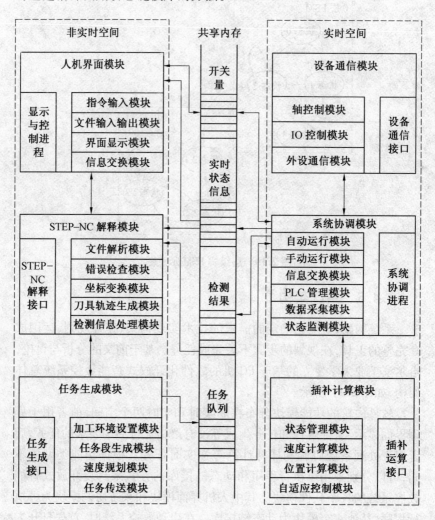

图 2.11　软件化开放式智能数控系统总体架构

1. 软件模块划分

对于模块化的全软件型开放式数控系统而言,模块是构成系统的可重用基本单元。但是,目前对于模块的划分还没有统一的标准,在确定模块的复杂度时,需要对开放程度、运行效率、系统复杂度和集成费用等影响因素综合考虑。模块粒度较大,则可重用性和灵活性较差;反之粒度越小,开放程度提高,可提供的选择也越多,但是构成系统的单元数目过多,可能导致模块间的交互过于复杂,运行效率降低、性能变差。所以,模块划分时除了以一定的独立功能为界限,还要遵循粒度适中的原则。

开放式智能数控系统可以完成各种数据的输入和输出,并将输入的 NC 程序进行处理(包括词法和语法等的译码过程检查),最终转化为控制数控机床运动的具体指令。数控系统的智能控制是通过将加工过程参数(切削力、振动加速度等)按照某种规则转化成对机床的命令参数(进给速度、主轴转速等)的调整和修正,并确保与 NC 指令协调一致的过程。最终,将控制器生成的运动指令和逻辑控制指令,按照 SERCOS 通信格式的要求传输至伺服驱动单元,使机床按照规定的动作运行完成加工过程。根据该思想设计的开放式智能数控系统控制器的软件模块化结构,如图 2.12 所示。

由图 2.12 可见,基于 OMAC 标准的全软件型开放式智能数控系统控制器,可以分解成一系列的功能模块,包括人机交互、任务生成、任务协调、自适应控制、离散逻辑控制、轴组和轴运动模块。根据选定的软硬件平台和规划的各模块的任务,设计的各模块间的层次关系,如图 2.13 所示。

在图 2.13 中,人机交互模块和任务生成模块为机床控制器的非实时部分,完成非实时性任务,并采用组件对象模型技术开发。任务协调、自适应控制等其余模块为机床控制器的实时部分,执行实时性任务,采用实时动态链接库技术开发。所有模块均在 VC++6.0 环境下编程实现。系统平台采用前述选用的软硬件。为方便用户集成先进控制技术和加工经验,以及开发特定功能的模块单元,所有模块对外均提供了可执行、可操作的接口。

2. 智能过程控制

智能控制过程中,通过与检测系统相互配合,对生产现场的工艺参数进行采集、监视和记录,并实时将采集到的外部加工参数传入数控系统控制器中,实现在线控制,以适应切削过程中各因素的变化,从而提高机床的加工效率及工件的加工精度。微型灵敏可靠的传感器,也是智能化技术发展的一个必要条件。本书设计的数控系统智能过程控制

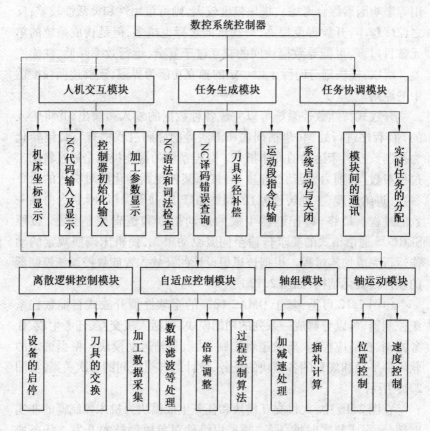

图 2.12 控制器的软件模块化结构

原理,如图 2.14 所示。

由图 2.14 可见,要实现智能过程控制,开放式智能铣削加工系统的硬件必须包括:

检测设备——传感器、A/D 电荷放大器、数据采集卡;

执行设备——工业 PC 机(控制器)、伺服驱动器、驱动电机和机床本体等。

控制器和伺服系统间通过 SERCOS 接口进行通信。

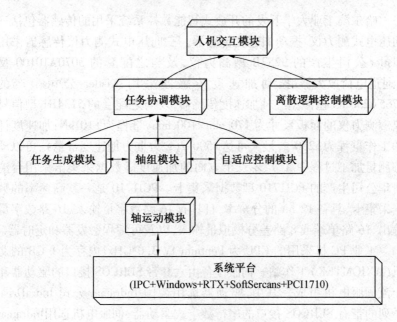

图 2.13　智能控制器的模块结构

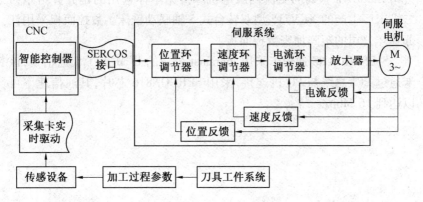

图 2.14　智能过程控制原理

　　哈尔滨工业大学开发的开放式智能数控系统采用的传感器包括三向压电式测力仪、振动加速度传感器。三向压电式测力仪传感器采用 Kistler 公司生产的 9257B 型测力仪，及与之配套的 5070A10100 型 4 通道电荷放大器；振动加速度传感器采用 Kistler 公司生产的 8765A250M5 型微型三轴加速度传感器，及与之配套的 5134B1 型信号仪。测力仪的面板尺寸为 170 mm×100 mm，量程为 ±10 kN；加速度计的工作量程为 ±250 g，最大可达 ±500 g（g 为重力加速度常量），可以动态测量加工过程中 X、Y、Z 三个方向的加速度。数据采集卡采用台湾研华公司生产的 PCI1710 型数据采集卡。PCI1710 是一款高速率的数据采集卡，具备 12 bit 的分辨率，且具有 16 路数字量输入、16 路数字量输出、16 路单端或 8 路差分模拟量输入，以及可编程触发器和定时器。

　　工业 PC 机采用的 CPU 为 Pentium IV 3.0 GHz、内存为 1 GB 的艾讯（AXIOMTEK）工作站。伺服设备由六套带 SERCOS 接口的驱动器和交流伺服电机组成。其中，驱动器选用德国 Indramat 公司 IndraDrive 系列的带有 SERCOS 接口的串行数字式驱动器，伺服电机选用Indramat 公司 IndraDyn 系列的交流伺服电机。机床本体选用的是齐齐哈尔第二机床厂生产的 XKV715 型双转台式 5 轴联动铣床。数控面板采用江苏赛洋公司的矩阵加密数控面板。

　　SoftSERCANS 通信卡采用 Indramat 公司的 PCM-S11.2 通信卡，该卡通过 PCI 总线与 PC 机连接，采用 SERCON816 芯片，其通信速率可以达到 16 Mbit/s。

第3章 开放式控制器的建模与软件实现

开放式数控系统的标准功能是将输入的数控程序文件通过一系列的处理(词法、语法检查,译码),最终转化为数控机床运动的控制指令,并进行各种数据的输入输出。数控系统的智能控制功能是通过将加工过程参数(切削力、振动加速度等)按照某种规则转化成机床命令参数(进给速度、主轴转速等)的加工修正,并确保与 NC 指令协调。最终,将生成的运动指令和逻辑控制指令按照 SERCOS 通信格式的要求传输至驱动控制单元,控制电机工作使机床按照规定的动作运行。

3.1 基于有限状态机的动态行为模型

3.1.1 机床的行为建模

FSM 经常被应用于反应式系统的建模[93],反应式系统对外部和内部事件做出反应,以事件驱动方式工作。在确定性的反应式系统中,输入事件的顺序和数值决定了系统响应的顺序和数值。

数控系统根据输入的信息(如数控程序、操作面板的输入、传感器反馈信息)控制机床移动,实现加工操作(如轴运动、换刀、停止机床等),其行为是可预见的,属于典型的反应式系统。因此,我们将外部输入的信息表示为 FSM 的输入事件,将机床的加工操作表示为 FSM 的动作,采用 FSM 作为机床的行为模型[94]。在 FSM 中,状态转移触发动作的过程就是机床实现加工操作的过程。

实际应用中机床的行为非常复杂,其状态数目庞大,需要将整个系统按照层级方式分解得到一系列子功能模块,整个系统的行为被分解为子系统的行为,并用单独的 FSM 描述,然后再把这些模块集成起来构成系统,就得到了由层级式 FSM 所表述的整个系统的行为模型,如

图 3.1 所示。其中状态 State2 和 State2.2 都属于复合状态,第二层
FSM 是对复合状态 State2 的详细描述,包括 State2.0 ~ State2.3。采用
层级式 FSM 进行行为建模,实现了对系统行为的结构化、层次化表达。
最终,机床的行为可以看作是各模块行为的集成;机床的加工过程就是
各模块 FSM 的转移过程。

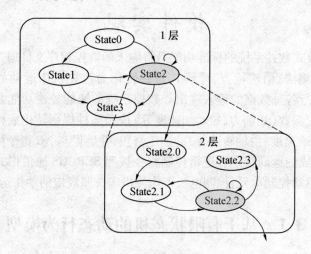

图 3.1　系统行为的层级 FSM 示意

3.1.2　行为建模方法

行为建模是基于 FSM 模型化机床行为的过程,采用以下方法来实
现:

(1)考察对象的运行周期,识别相应的比较固定的、具有某些相同
特点的时间段,将其抽象为状态。

(2)考察对象能否从一个状态变为另一个状态,如果能变,探究状
态变化的原因(抽象为事件),确定是否伴随有一些反应(抽象为动作)
发生,从而定义转移,转移 = <事件,动作,目标状态>。另外,还存在一
种特殊的转移——自身转移,它是源状态等于目标状态的转移,触发自
身转移的事件可能是对象内部自生成的,如刷新事件(update)。

(3)对每个状态进行考察,确定状态是否应该继续分解,通过对状
态层次结构的分解,将一个大的状态分解为若干个子状态,分解层数的
多少取决于系统的复杂程度;逐步细化,直到所有的状态都是原子的

(不再分解的),确定状态之间的转移形成状态机。

上述方法也是系统的有限状态机的规划方法。

3.1.3　有限状态机模型的软件化

开放式数控系统中具有动态行为的所有对象,都采用 FSM 进行行为建模。由于数控系统的实时性要求,FSM 必须高效实施。另外,在系统行为发生改变时,其 FSM 应该易于实现,无需作太多的修改。因此,为了简单高效地实现 FSM 模型,哈尔滨工业大学设计了 FSM 基础类库,提供建立和编辑 FSM 模型的公有属性和操作。这样所有需要建立 FSM 模型的对象都可以通过从类库派生子类来实现。

1. 状态表

FSM 的内容实际上包括状态集合、事件集合、转移集合、动作集合,可统称为状态表。状态表采用链表的结构加以实现,链表中的每个状态都包含一个标识和一个指向转移集合的指针。每个转移又包含一个触发它的事件标识和动作集,以及指向下一个状态的指针。其中,动作集是状态转移时被调用函数的完整集合,与对象的成员函数相对应。状态表的组织结构如图 3.2 所示,每个状态具有一系列的转移(称为转移集),其中状态 state 7 为组合状态,对应于状态 state 7.1 和 state 7.2 构成的下一层有限状态机。

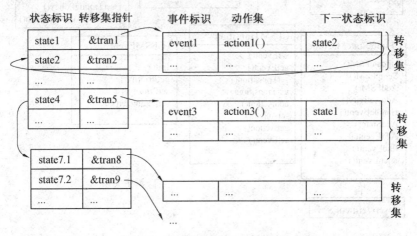

图 3.2　状态表的结构

　　开发人员根据对象要完成的控制逻辑,定义其状态表(包括状态集、事件集、转变集和动作集),刻画对象的动态行为。为使同一对象或模块运行于不同的应用之中,对于每个对象,可以设计多个状态表来规定它在不同系统模式下的不同行为,在应用时只加载其中一个状态表。

　　2. FSM 基础类库

　　为了便于创建和编辑状态表,设计了 FSM 基础类库,其组织结构如图3.3 所示。其中 CFSMObject 为 FSM 对象基类,CFSMState 为状态类,CFSMEvent 为事件类,CFSMAction 为动作类,CFSMTransition 为转移类,CFSMPolicy 为 FSM 调度策略类,CFiniteStateMachine 为有限状态机类,UserDefinedFSM 为用户定义的派生类。

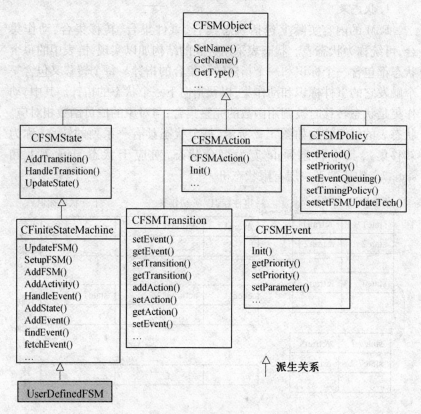

图3.3　FSM 基础类库组织结构

基础类库提供了定义、查询和修改状态表的接口,本系统内具有动态行为的所有对象都可以以派生类的形式实现,从而继承了类库的全部功能,还可以添加自定义的属性与方法。

开发人员利用基础类库提供的功能可以大大简化对象有限状态机的编程实现。例如,对于机床行为可采用如下代码定义:

```
HRESULT MachineTool∷setupFSM( )    //建立控制器的有限状
                                         态机
{
    addTransition("System Ready", "move", "Axis Moving",
                & &MachineTool∷moveAxis );
    addTransition("Axis Moving", "stop", "System Ready",
                & MachineTool∷stopAxis );
    addTransition("Axis Moving","toolBroke", "Tool Broken",
                & MachineTool∷stopAxis );
    …
}
```

类 MachineTool 是对机床控制器实体的抽象描述,是从 CFiniteStateMachine 派生的子类,通过调用基础类库提供的函数 addTransition 添加对象的状态转移。函数的原型声明为 CFiniteStateMachine∷addTransition(string state, string event, string nextState, CFSMAction action),其中 string 表示字符串类,state 表示对象当前所处状态的名称,event 表示对象接收事件的名称,nextState 表示对象将转移到下一状态的名称,CFSMAction 表示 FSM 动作类,action 表示对象转移过程中被触发的动作。利用类库提供的接口函数,开发人员可以非常方便地实施对象有限状态机的规划,将主要精力用于对象所要完成功能的实现,即状态表中动作集的开发。例如,上面代码中函数 stopAxis( )和 moveAxis( ),它们都属于机床类 MachineTool 的成员函数。

不同对象的行为调度策略并不相同,FSM 基础类库还提供了对 FSM 调度策略进行定制的功能,由 FSM 调度策略类 CFSMPolicy 来实现。可定制内容包括通信方式(同步、异步),信息交换方法(共享内存、队列缓存),事件处理规则(先进先出、基于优先级),优先级的设定,错误处理准则(对于不可处理事件作为错误处理或是忽略该事件)等。这些属性都可以在对象设计阶段通过分析选取合适的值。

系统运行时,FSM 基础类库负责接收事件,根据当前状态,在状态表中查找相应的转移,触发规定的动作并完成状态转移,进而实现系统的特定功能。FSM 基础类库既是 FSM 机制运行的驱动中心,也是对 FSM 进行定义、存取、修改和查询等操作的基础。

3.1.4　模块通用的行为模型

在本系统中,模块的动态行为采用图 3.4 所示的通用层级式 FSM 模型来描述,FSM 以菱形框内的矩形来表示。模块 FSM 主要分为三层:管理层 FSM、操作层 FSM 和执行层 FSM。

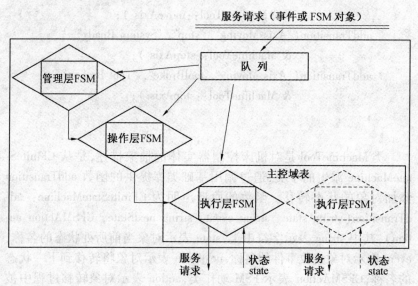

图 3.4　通用层级式 FSM 模型

模块的行为模型规定了对象所具有的状态和状态转化要完成的操作。客户(也可以是某一模块)通过模块的应用程序接口 API 进行方法调用,使服务请求传递到模块内部,即服务器端。每个模块包含一个队列来为接收到的服务请求进行排队,服务请求既可以是事件也可以是以 FSM 形式表示的对象。当服务请求是事件时,如果操作层 FSM 处于激活状态,事件在服务器内首先由操作层 FSM 接收,根据其状态机进行状态转变,完成预期的功能,并决定是否向下层模块发送该请求,使事件传递跨越模块边界,直至系统内处于激活状态的最底层 FSM。当服务请求为 FSM 对象时,它最终从队列进入到模块主控域表中,负责模块的功能调度,该 FSM 对象又可以通过发出服务请求的办法来控制其他的 FSM。模块的主控域表中可以包含多个 FSM 对象,允许一个或者多个有限状态机同时运行。

1. 管理层 FSM

分析各模块在系统内的整个运行周期,发现它们具有一系列相同的状态,如建立完毕、准备就绪、运行中、中止、退出等。因此,可以建立一个通用的有限状态机模型来描述、管理模块所具有的共同状态,这个基本的 FSM 可称为管理层 FSM。它位于模块的顶层,负责模块的创建、配置、连接、初始化和中止等操作。按照前面所述方法定义管理层的 FSM,如图 3.5 所示。

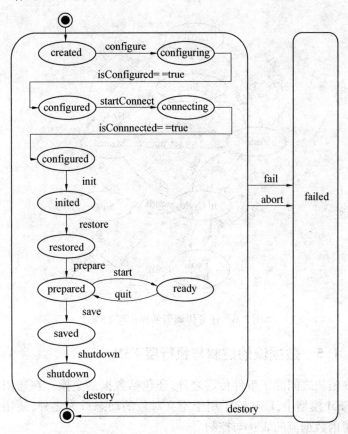

图 3.5　管理层 FSM

2. 操作层 FSM

在管理层 FSM 中,就绪 Ready 为复合状态,当模块到达该状态时,与其相对应的下层状态机被激活。下层状态机就是指操作层 FSM,它用于描述各模块的预期功能,随各个模块功能不同,它们具体的状态转移规划也均不相同。操作层 FSM 可以为一层或多层嵌套,通常由系统的设计人员根据模块所完成功能的复杂程度和组织结构来决定其层数。在图 3.6 中所示的 FSM 代表任务协调器的操作层 FSM,它可以处理不同的加工模式,即自动 Auto、手动 Manual 等。空闲 Idle 状态为操作层的初始状态,根据客户请求(setAuto/setManual)实现加工模式的转换。

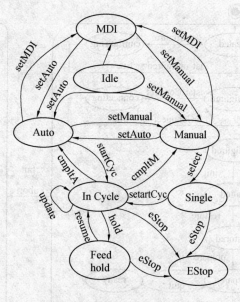

图 3.6　任务协调器的操作层 FSM

3.1.5　数据流的控制与执行层 FSM

在模块之间除了事件传递之外,还包括数据的交换。在通用的层级式 FSM 模型中,FSM 除了用于定义对象的动态行为之外,还用于实现系统内数据流的表达与控制。

1. 任务单元

在本系统中,对译码得到的控制信息(运动与逻辑控制)也采用 FSM 进行描述,使控制信息具有智能特征,其内部封装了它将经历的一系列状态变化和预期完成的操作。将包含控制信息的 FSM 对象称为任务单元 TU(Task Unit)。任务单元的基本类型就是 FSM,其状态规划如图 3.7 所示,未初始化 Uninitialized 为起始状态,已初始化 Initialized 和执行 Executing 状态都属于复合状态,分别有下层 FSM 与它们相对应。前述通用 FSM 模型采用队列机制管理客户请求,事件属于客户请求,任务单元也属于客户请求。因此,服务器以队列方式接收任务单元,当其位于队列前端被放入主控域表中,成为执行层 FSM 并处于激活状态。此时,由它负责当前的控制调度,统领模块内的其他对象,同时还可以向下层模块发出事件或任务请求。

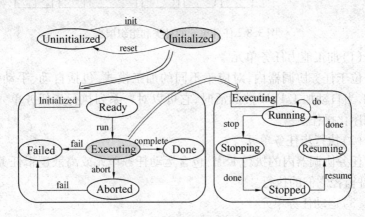

图 3.7　任务单元的状态转移图

不同模块的域表长度是不同的,如任务协调器模块具有单成员主控域表,因为在某一时刻控制器只能处于一种加工模式;轴组模块的域表可以为多成员的,如进行运动控制和数据记录的两个状态机。在一个模块内包含多个执行 FSM 时,它们可以同时运行,在概念上等同于多个同时运行的线程。

2. 数据流的抽象与任务单元的定制

采用面向对象编程技术,抽象任务单元的共性以基类任务单元模板 TaskUnitTemplate 来表示,每一种具体类型的任务单元都通过从任务模板基类 TaskUnitTemplate 派生定制实现。如图 3.8 所示,通过派生可得到多种用途的任务单元子类。

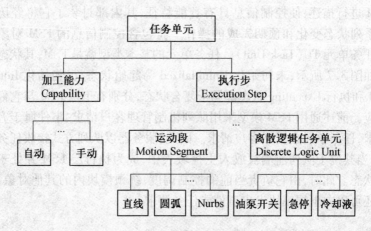

图 3.8　任务单元的种类和组织层次

（1）加工能力任务单元 。

位于任务协调器内,对应于不同的加工模式,包括自动、手动等。例如,当自动加工 FSM 被激活时,它可以对一系列执行步任务单元进行顺序化操作。

（2）执行步任务单元 。

任务协调器内的执行 FSM,包含运动任务单元或离散逻辑任务单元,并监控它们的执行。

（3）运动任务单元。

对应于输入轴组模块的数据 FSM,包括直线、圆弧、Nurbs 曲线等。除了具有基本的 FSM 管理和参数化方法,运动任务单元还包括速率、待加工的几何信息等,以及负责刀具轨迹规划的速度轮廓生成器。

（4）离散逻辑任务单元。

对应于输入离散逻辑模块的数据 FSM,离散逻辑单元负责对外部输入输出单元的协调和控制,如主轴的启停、冷却液的开关等。

系统功能扩充的一个途径就是对任务单元进行派生,创建满足特定加工能力的子类。例如,希望在一个只具有直线、圆弧加工能力的数控系统中扩充 Nurbs 加工功能,就可以从运动任务单元派生 Nurbs Segment 运动任务单元。

3.1.6　任务单元的嵌套与模块间的协作

任务单元是可以嵌套的，一个主任务单元能够包含其他的子任务单元。当外层主任务单元被激活时，它能够向下层模块(服务器)发送其内嵌的子任务单元。这样，任务单元以数据的形式在模块间传送，接下来，被传送的子任务成为下层模块内活动的状态机，控制下层模块的行为。主任务通过对子任务的管理就可以实现对下层逻辑和运动控制模块的协调调度。在本系统中，由执行步任务单元嵌套包含运动任务单元和离散逻辑任务单元。下面的例子是当一个执行步任务单元在系统内被处理时，模块间的协作关系与数据流的传递过程的实例，如图3.9 所示。

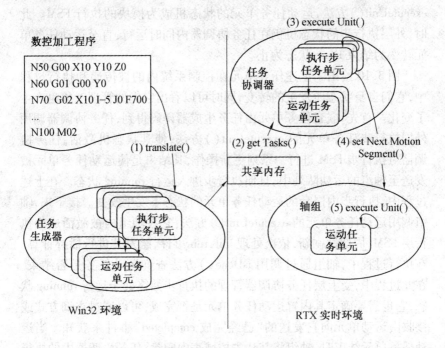

图 3.9　模块间的协作与数据传递

第一步，任务生成器模块将加工程序翻译为一系列执行步任务单元，运动任务单元为嵌套形式，内部包含有待执行的运动任务单元或逻辑控制单元。

第二步,任务协调器通过调用 getTasks( ) 获取执行步单元。任务协调器是一个实时动态链接库,任务生成器是一个 COM 组件,两个模块的运行环境不同,依靠进程间通信对象(例如,互斥 Mutex、信号旗 Semaphore 等)保持同步,通过共享内存进行执行步任务单元的传递。

第三步,任务协调器调用执行步单元提供的 executeUnit( ),激活其包含的状态机。第三步会重复执行多次,因为它要与下层模块保持同步(如等待当前嵌套的运动任务单元被完成)。

第四步,处于活动状态的执行步任务单元将内嵌的运动任务单元发送到轴组模块的运动队列中,通过调用 setNextMotionSegment( ) 实现。运动任务单元被加载到轴组队列后等待被激活。

第五步,一旦激活条件满足,轴组模块周期性调用运动任务单元的 executeUnit( ) 方法,运动任务单元的状态机成为模块的执行 FSM。此时,外层执行步的状态机仍在任务协调器内同时运行,直至运动任务单元转变为结束 Done 状态为止。

图 3.10 给出了上述任务单元在控制系统内的被传递和执行过程中,它们自身状态所发生的转变,同时可以看出它们的管理对象也产生了变化。首先,嵌套任务单元由任务生成器译码得到,任务协调器调用外层执行步任务单元的 executeUnit( ) 方法,使其状态机激活,任务协调器对执行步 FSM 进行一系列更新操作,其结果是使运动任务单元被发送至轴组的运动队列中,且使执行步进入运行 running 状态。在上述过程中,执行步内嵌套的运动任务单元的状态不发生改变。接下来,轴组调用运动任务单元的 executeUnit( ) 方法,它在轴组内被激活成为执行层 FSM,周期性刷新,依次处理 init、run 事件,触发其进行插补计算。在执行过程中,轴组通过调用 isDone( ) 方法查询运动任务是否结束。在此过程中,受上层任务协调器管理的执行步始终处于运行 running 状态,它也需要确定其内置运动任务单元是否完成,可以通过查询方式或接收由运动单元向它发送的"已经完成 completed"事件来获知。当运动任务单元结束时,轴组将其从主控域表中删除;任务协调器中的执行步继续监控它所包含的下一运动段或者将控制权移交给下一个执行步。图中两侧所示为执行步任务单元,与运动任务单元在不同时刻所对应的管理对象。

通过上面的例子可以看出,任务单元的嵌套结构设计就像是一棵树上的主干和分支,实现了模块间信息的有序传递,而且这种嵌套设计使任务单元具有智能特征,知道怎样协调下层模块,通过对嵌套任务单元 FSM 的合理规划,上层模块可以控制和修改下层模块的行为。

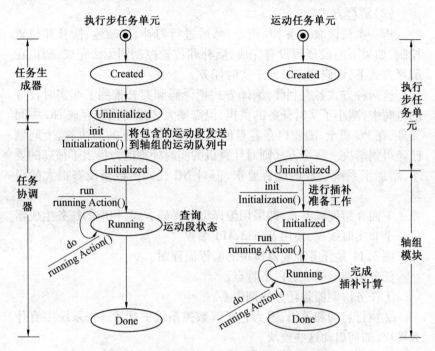

图 3.10　嵌套任务单元在系统内的执行过程

3.2　任务生成器和任务协调器

　　任务生成器负责 NC 程序的输入和译码。其关注的重点不是零件程序的格式而是它的句法,并将程序段译码为执行步。任务生成器的功能包括:读入零件程序、语法检查、将程序语句译码为执行步(ExecutionStep)。

　　通过分析各种可能产生的语法错误,建立一个错误数组,实际检查出来的每一个错误都被对应到数组中的一项,并在屏幕上显示出来,以便提示用户改正。

　　数控程序的译码有以下两种形式:

（1）编译方式。

指一次完成所有 NC 代码的译码和刀补，这些工作在数控加工之前已经完成，因此和运动控制间接相关。译码和刀补属于非实时任务。

（2）解释方式。

指一次只读取一条 NC 指令，然后进行刀补、加减速、插补和位置控制，如果下一段译码没有完成，插补和位置控制则无法完成，所以在解释方式下，译码和刀补属于实时任务。

这两种方式各有利弊，编译方式把译码和刀补推到了非实时任务的范畴中，减小了实时任务的负担，但需要大容量的内存存放 NC 中间文件，在 PC 机上，随着内存容量的增大和存取速度的加快，这个问题已经得到解决。解释方式则对计算机的实时处理能力提出了很高的要求，增加了系统资源的配置要求，但对 NC 代码的数量没有很大的限制。

下面介绍编译方式，即采用编译型的译码方式，相应的任务生成器是一个非实时线程，使用 Win32 API 编程。

图 3.11 是任务生成器模块的编程流程图。

任务协调器模块有以下特点：

①任务协调器是任务协调中心。

②执行启动和关闭，因为它了解数控系统的配置——系统中有什么模块，如何启动这些模块。

③任务协调器是数控系统中最高层级的有限状态机。

④任务协调器频繁变化，每次系统改变不必整个重写任务协调器，它应该是柔性的，以适应变化。

任务协调模块是位于系统最高级的一个有限状态机，它负责系统操作模式的切换、运动控制和离散逻辑之间的协调等任务。任务协调器有一个单元素的 FSM 域列表（某一时刻，只能有一种操作模式有效）。域表中包含的是由"能力类"定义的 FSM 对象，能力类支持停止、启动、执行和查询完成等情况。

对于每一个数控系统，都有一个任务协调器能调用的能调力列表。能力列表包括 JOG，AUTO，MDI 和 HOME 等能力。

图 3.12 为任务协调器的能力应用，图中阐明了数控系统的能力应用方法。当能力执行时，它负责协调从 HMI 接收的服务请求。当 AUTO能力的 FSM 执行时，它需要和任务协调器相互配合完成工作。

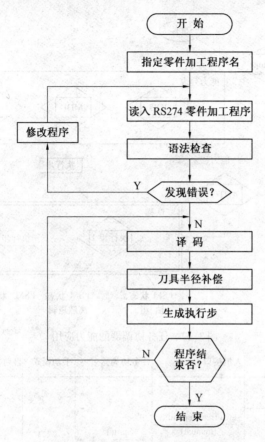

图 3.11　任务生成器模块的编程流程图

图 3.13 阐明了一个铣削 CNC 系统,从手动模式转换到自动模式的过程。此图描述了能力 FSM 的启动、停止和执行方法的应用,图中系统的最初模式在启动时被 HMI 加载为手动模式,当操作者按下 AUTO 按钮使 HMI 执行的手动能力停止,并将 AUTO 能力加载到任务协调器队列。然后,任务协调器检查手动能力中的布尔变量 isDone,若其为真,则将 AUTO 能力 FSM 压入到域 FSM 列表中。操作者加载 NC 程序的动作导致 NC 程序被加载到译码器中。当操作者压下循环启动按钮后,AUTO 能力 FSM 将指示任务生成器进行零件程序译码,并将译码生成的执行步排序为链表。

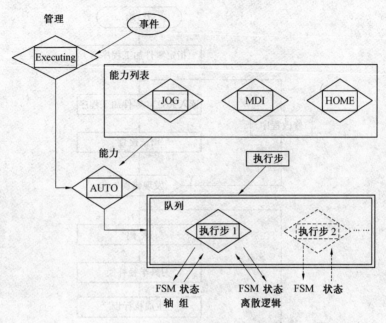

图 3.12　任务协调器的能力应用

操作者	人机接口	任务协调器	手动模式	自动模式
加电				
	setCurrentCapability (manual)	Start()		
按下自动按钮				
	setCurrentCapability (auto)	Stop()		
		Start()		
加载程序				
	setProgramName (file)	Execute()		没有动作
按下启动按钮				
	startCycle()			
		Execute()		零件程序译码
		Execute()		执行插补

图 3.13　从手动模式转换到自动模式的任务协调过程

3.3 轴组模块

图 3.14 为轴组模块的工作流程图。轴组模块的任务是结合机械系统和工艺知识,把将要执行的运动段转换为一系列等时间间隔的设定点,以此来协调各轴运动。

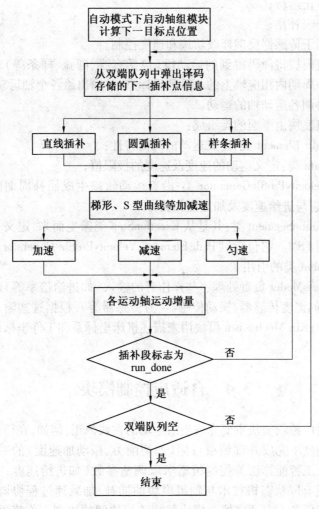

图 3.14 轴组模块的工作流程

　　轴组是协调模块,它负责完成下列工作:

　　①运动坐标系转换;

　　②动态偏置(如传感器输入)和进给倍率调整;

　　③运动加减速;

　　④插补;

　　⑤进给保持;

　　⑥停止运行;

　　⑦查表补偿;

　　⑧基于传感器反馈修改轨迹和速度控制。

　　轴组模块将译码得到的运动段(包括直线、圆弧、样条等)转化为单个插补周期内相应轴上的一系列目标点,并输出给各个轴运动模块,以此来协调各运动轴的运动。

　　轴组模块由下面的类组成:

　　①Path Element 类:定义运动的几何特性;

　　②Rate 类:定义运动的速度及速度的极限值;

　　③VelocityProfileGenerator 类:沿着运动轨迹生成插补周期内的一个微步,它与进给速度及加速度相关;

　　④MotionSegment 类:其是从 ExectionStep 类派生而来,定义了一个运动控制 FSM。它包含对 Path Element,VelocityProfile Generator 和 Motion Segment 类的引用。

　　ProcessModel 负责处理一些操作者的输入(如进给倍率等)和传感器输入(如温度传感器、振动传感器、力传感器等),根据这些输入修改运动参数;Kin Mechanism 模块用来描述机床坐标系和工件坐标系之间的关系。

3.4　自适应控制模块

　　自适应控制模块主要完成当前运动的在线修正,例如,在任务协调模块的调度下完成外部约束目标(如切削力、振动加速度)的采集,通过调用人工智能算法等控制策略求取调整参数(如进给速度、主轴转速),通过有限状态机技术与轴组模块的插补、加减速过程协调配合,完成加工任务。自适应控制模块与相关模块间的协调工作流程,如图3.15 所示。

图3.15 自适应控制模块与相关模块间的协调工作流程

随着人们对运动控制的高性能、智能化要求越来越高,国内外许多专家学者展开了现代控制理论和智能理论在伺服控制中的研究与应用,将现代控制理论、智能控制与常规的 PID 控制相结合,使自适应 PID、模糊 PID、神经网络 PID、预测 PID 等新型控制器不断出现。

伺服控制策略以软件模块的形式创建,实现灵活,通用性增强,目的就是在原系统中融入新的控制策略方案,不断跟踪技术进步,包括用户采用自身经验研制的特定控制策略。自适应控制模块中智能算法是以类的结构进行定义的。在模块开发过程中,类以功能作为其定义的依据,虽然各智能算法、过程参数所实现的细分功能异常复杂,但很多细分功能具有一定的共有特征。以智能算法为例,各种算法的共同特征为输入过程参量,输出更新后的新的运动参数,即各种智能算法具有共同的功能特征。因此,在类设计过程中充分利用类的派生特性,逐层抽象细分功能的共有特征,建立类层次的父类结构,子类通过父类的派生继承父类所具有的属性和方法。图 3.16 为自适应控制模块派生的智能算法和过程参数类结构。由图可见,自适应控制模块主要包括智能算法(CIntelligent)和过程参数(CProcess)两个父类。而智能算法类根据进给速度、主轴转速等又派生出 BP 神经网络(CBPNN)、模糊控制算法(CFuzzy)、遗传算法(CGA)等智能子类。而切削力、振动加速度等为过程参数派生的子类,过程参数类通过调用智能算法类可以实现过程智能控制。根据控制需要还可以将其他智能算法集成至智能算法的父类之下,形成新的算法子类。

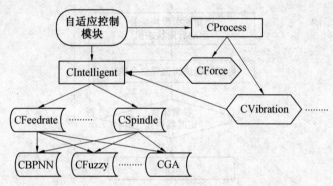

图 3.16　自适应控制模块的智能算法和过程参数类结构

伺服控制是一种串级控制,分为三个层次,形成三个闭环,分别是位置环、速度环和电流环。其实时性要求很高,过去多采用单独的伺服系统硬件来完成。随着高性能微处理器和实时操作系统等相关技术的飞速发展,目前典型的三环控制已经可以采用数字控制技术全部或部分地以软件形式实现。

为实现控制策略开放性的规划目标,这里首先将三环控制所用控制算法编制为独立的软件模块,然后由轴模块调用该模块提供的控制算法完成全部或部分伺服控制。实施软件模块化控制策略的优势在于:

①可以方便地使用程序来完成各种复杂的数值运算,极大地改善伺服控制性能;

②可配置性和可重用性增强;

③实现成本降低,而控制性能提高;

④可采用各种先进的控制理论作为伺服运动的控制策略。

3.5　软 PLC 技术

随着计算机技术、通信和网络技术、微处理器技术、人机界面技术等的迅速发展,传统 PLC(可编程控制器)暴露出缺乏通用性和兼容性的缺点,而且新的计算机软、硬件技术和网络技术不能被 PLC 系统及时利用,这既不利于 PLC 产品的更新换代,也不利于降低成本[95]。国际电工委员会(IEC)于 1994 年 5 月公布的可编程控制器的国际标准(IEC1131),鼓励不同的可编程控制器制造商提供在外观和操作上相似的指令,这更进一步推进了软 PLC 的产生和发展。系统将 PLC 的控制功能封装在软件内,运行于 PC 的环境中,即提供了 PLC 的相同功能,也具备了 PC 机的各种优点:

①开放的体系结构,可以支持多种硬件和编程语言,以及灵活扩展系统功能;

②能够充分利用硬件资源;

③友好的人机界面,便于操作;

④更强的数据处理能力和控制算法;

⑤节约成本。

与传统的 PLC 相比,软 PLC 具有开放的体系结构,强大的网络通信能力和更强的数据处理能力,能更好地满足现代工业自动化的要求。已经面世的典型的软 PLC 应用产品有:SOFTPLC 公司的 SoftPLC,SIE-MENS 公司的 SIMATIC WinAC 以及 CJ International 公司的 ISaGRAF等。

在数控系统中,PLC 在处理开关量辅助控制问题时起重要作用,它主要负责 NC 侧和机床侧的逻辑信号处理。在 NC 侧,CNC 向 PLC 发送 M,S,T 等辅助功能代码信息;PLC 将 M,S,T 命令的应答信号回送给 CNC,并且控制 CNC 设置各坐标的机床基准点。在机床侧,PLC 向机床传送控制机床执行的信号,机床将其操作面板上开关、按钮信号等传送给 PLC。

软 PLC 系统由开发系统和运行系统组成,是相互独立又联系密切的两个应用程序,并可分别单独运行。软 PLC 系统结构的整体框图如图 3.17 所示。系统的运行过程是先用 PLC 开发系统编辑开发 PLC 控制程序,生成目标代码,然后由 PLC 运行系统运行这个目标代码,来实现对系统的控制。

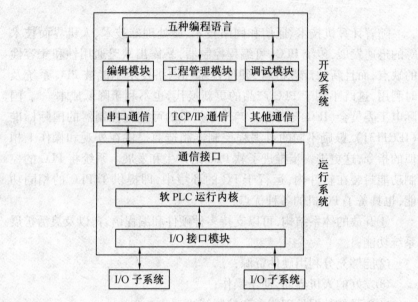

图 3.17　软 PLC 系统结构

3.5.1　开发系统

软 PLC 开发系统是带有调试和编译功能的 PLC 编程器,具备以下几个功能:

①绘制、编辑 PLC 程序;

②编译用标准语言编写的 PLC 程序,能够查询并显示程序中的错误,经用户改正后生成中间代码,传入运行系统执行;

③仿真功能,实现离线仿真和在线修改;

④强大的网络功能,支持 TCP/IP 协议的网络通信,通过网络实现远程监控。

根据软 PLC 的基本原理和开发系统应实现的基本功能,将系统分为编辑和编译两大模块。

根据 IEC61131-3 对 PLC 编程语言的规定和五种语言的各自特点,目前选择了图形模式语言梯形图 LD 和文本模式语言指令表 IL,作为本系统的编程语言。因为梯形图是目前应用最广泛的直观的编程语言;指令表语言不但简单易学,而且非常容易实现,且 IEC61131-3 的其他语言如功能块图、结构化文本、梯形图等都可以转换为指令表语言。由于系统具有开放特性,可以根据以后的需要,将其他三种编程语言加载到系统中。

1. 编程开发系统中编辑器的实现

编辑模块分为三个部分:梯形图编辑器、指令表编辑器以及梯形图到指令表的转换模块。可供用户选择的两种 PLC 编程方法是:梯形图编程和指令表语言,并可由转换模块实现从梯形图到指令表的转换。

(1)梯形图编辑器。

梯形图是一种图形类语言,因此语言的组成部分是表示各个触点、线圈、功能的符号资源,以及记录每一个符号命令的内部参数等。根据梯形图的图形表示特点,将各符号、功能块通过位图的形式表示,并一一显示在梯形图编辑区内,完成梯形图的绘制。通过对梯形图符号的分析,将其归纳为各种符号的基本图库。

在本系统中,梯形图编辑器实现的主要功能包括:绘制梯形图依照 IEC61131-3 中对梯形图符号的规定,按照用户要求,将梯形图显示在梯形图编辑区内;绘图资源的保存供程序运行时调用;编辑功能包括插入、删除图形,插入、删除运行,回车自动产生左母线,查找功能等;设置快捷键、工具栏、状态栏快捷键,工具栏方便用户使用,状态栏显示当前状态等;文件的保存和读取。

(2)指令表编辑器。

指令表语言是一种汇编语言风格的编程语言,由于其高效的执行速度而为软件工程师或高级专业工程师所喜爱,但也是最单调和沉闷的编程语言。指令表语言在五种编程语言中的地位,就如同计算机汇编语言在程序设计语言中的地位一样,是一种底层的编程语言,在 IEC61131-3 软件结构中的作用不可替代。因此,指令表语言不仅仅是五种编程语言中的一种,在软件结构内部,它还起到将其他文本语言和图形语言编译生成或相互转换的公共中间语言的作用。

指令列表程序编辑器是一个文本编辑器,所有的逻辑和运算都使用指令和操作数的方式输入,根据指令所完成的功能和涉及的操作数中的软元件,完成软元件的值的读取、逻辑处理和软元件值写入。

（3）转换模块的实现。

在此模块中,将已经绘制的梯形图转换成相同逻辑功能的指令表形式表示,并显示在指令表编辑视窗中。

在本控制器的研究中,开发系统的主要功能是编辑,编译 PLC 编程语言,最终将生成的目标代码传递到下位机运行。因此,编译部分是开发系统的关键。IEC61131-3 制定了五种编程语言方法,其中三种是图形化语言:顺序功能图（SFC）、梯形图（LD）、功能块图（FBD）;两种是文本化语言:指令表（IL）、结构文本（ST）。产品不要求能够全部运行五种语言,可以只运行其中几种,但要遵守其标准。

其中,指令表语言类似于汇编语言,它常用于用户自行编制一些没有标准功能块的特殊算法,具有很大的灵活性,较高的透明度,其他各种语言均可以转化成指令表语言。其语言表达形式简单,算法明了,易于编译。因此,在本系统的研究中,选择将其他四种语言转换为指令表语言,再对其进行分析和编译。

指令表是面向行的编程语言,一条指令对应 PLC 控制器可执行的一项命令,其指令结构如图 3.18 所示。

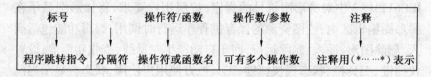

标号	:	操作符/函数	操作数/参数	注释
程序跳转指令	分隔符	操作符或函数名	可有多个操作数	注释用(*……*)表示

图 3.18　指令表结构图

对应的实例如下:

001 : OT Y0.0 　（ * output * ）

语句表指令主要由操作码和操作数组成,有些操作码可带多个操作数,这时各个操作数用逗号分开。指令前加标号,后面跟冒号,在操作数之后可加注释。编译程序是一个高度复杂的程序,其内部结构和组织方式具有多种形式,主要工作可分为两部分:前端与后端。

前端完成分析,可分为词法分析、语法分析和语义分析。指令表源程序可以简单地被看成一个多行的字符串,词法分析器逐一地从前往后,从左到右读入字符,按照源语言的词法规则,拼写成一个一个的单词(token)保存。编译程序把单词作为源程序的最小单位,等待语法分析。语法分析器读入单词,将他们组合成按指令表语法格式规定的词组,在语法分析中,如果源程序没有语法错误,就可以正确地画出其分析树,否则,指出语法错误,给出相关的诊断信息。语义分析阶段主要检查源程序是否包含语义等的逻辑错误,并收集类型信息以供后面的代码生成阶段使用。只有语法、语义正确的源程序才能被翻译成正确的目标代码。

后端完成综合,包括目标代码生成与代码优化。经过后端处理,生成高质量、运行速度快的可在目标机上运行的代码。其中,前端部分基本与所属机器无关,而后端与目标机密切相关,也就是软 PLC 的运行系统。

将以上几部分有机地结合起来,完成对指令表的编译,编译过程如图 3.19 所示。

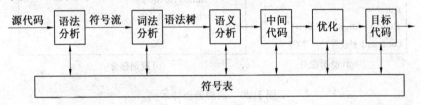

图 3.19　编译过程框图

2. 用 Lex 生成词法分析器

Lex 工具是一种词法分析程序生成器,它将一个包含了正则表达式以及每一个表达式被匹配时所采取的动作的文本书件作为其输入的程序。它可以根据词法规则的要求来生成单词识别程序,由该程序识别出输入文本,即指令表编写程序中的各个单词。Lex 程序由说明部分、规则部分及用户子程序部分组成,图 3.20 为词法分析器示例。其中规则部分是必须的,说明部分和用户子程序部分可以任选。

(1)说明部分。

说明部分包含一些正则式(regular expression)的宏。这部分可以包含一些初始化代码,该代码标记在"%{"和"%}"之间,如图 3.20(a)所示。前面位于分隔符%{和%}之间的部分将直接插入到 Lex 产生的 C 代码中。正则定义部分对正则表达式命名。如上面程序所示,正则表达式命名后面跟随的就是按照指令表词法规则所定义的正则表达式。标号 line 表示一个整数,注释 comment 表示由(＊ 和 ＊)包围的除了 ＊ 之外的任意表达式,whitespace 表示一个或多个空格,variable 表示的正则式规定了操作数的格式等。这些正则表达式包括了所有指令表语言中可能出现的符号,也就是说,指令表语言被读取的时候,每一个字符都能够被与正则式所匹配的规则识别出来,生成单词并保存。

```
%{
    #include <stdio.h>
    #include "y.tab.h"
%}
digit  [0-9]
letter [A-Z]
line {digit}＋
newline [\n]
whitespace [\t]+
variable
{letter}+{digit}"."{digit}
comment ("(*"[^*]*"*)")
```

(a) 说明部分

```
%%
{line} {printf("Line:%s\n",yytext);
        return LINE;}
……
"OT" {printf("Out:%s\n",yytext);
      return OUT;}
      {printf("Othersymbol:%c n",yytext[0]);
      return yytext[0];}
      {whitespace} {;}
%%
```

(b) 规则部分

图 3.20　词法分析器示例

（2）规则部分。

规则部分起始于“％％”符号,终止于“％％”符号,如图 3.20（b）所示。这部分是程序的核心部分,也是必须规定的部分。规则部分由模式和动作两部分组成。模式部分可以由任意的指令表的正则表达式组成,动作是由 C 语言语句组成,这些语句用来对所匹配的模式进行相应处理。处理过程中,Lex 将识别出来的单词存放在 yytext[ ] 字符数据中,因此该数组的内容就代表了所识别出来的指令表程序中的单词内容。当程序读取了一个整数,即与 line 正则式相匹配的时候,就会执行后面的动作命令,并返回一个值 LINE。处理空格（whitespace）的动作为空,即无操作。如果输入不能满足上面所有的规则,则返回一个错误记号。

（3）用户子程序部分。

用户子程序部分可以包含用 C 语言编写的子程序,用来添加在规则部分被调用而未在其他部分定义的辅助程序。如果 Lex 程序独自运行,这一部分还应添加一个主程序。

3. 用 Yacc 生成语法分析器。

Yacc(Yet Another Compiler-Compiler)是一种工具,将任何一种编程语言的所有语法翻译成针对此种语言的 Yacc 语法解析器,由该解析器完成对相应语言中语句的语法分析工作。按照惯例,Yacc 文件有.Y后缀。

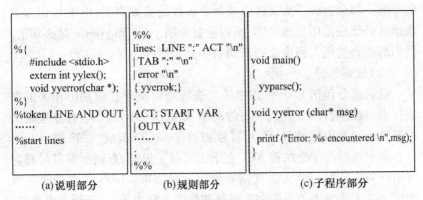

图 3.21　语法分析器示例

在使用 Yacc 工具前,必须首先编写 Yacc 程序,因为有关指令表语法分析程序是根据 Yacc 程序生成的。为了使 Yacc 能分析指令表语言,在 Yacc 程序中,将指令表的语法按照由上下文无关文法(context-free grammar)描述。也就是说,必须指出一个或者多个语法组(syntactic groupings)以及从语法组的部分构建它的整体的规则。Yacc 要求它的输入必须用巴科斯范式 BNF(Backus Naur Form)来书写、表示。用BNF 表示的指令表语法都是一种上下文无关文法。

在正式的语言语法规则中,每一种语法单元或组合被称之为符号(symbol)。那些可以通过语法规则被分解成更小的结构的符号称为非终结符(nonterminal symbols),不能被再分的符号称为终结符(terminal symbols)。把同终结符相对应的输入片段称为记号(token),同单个非终结符相对应的输入片段称为组(grouping)。

Yacc 程序实际上就是指令表语法规则的说明书,它也是由说明部分、规则部分和子程序部分组成的。

（1）说明部分。

Yacc 程序的说明部分类似于 Lex 程序的定义部分，可以定义后面动作中使用的类型和变量，以及宏，还可以包含头文件，这些同样包含在%{和%}之间，如图 3.21（a）所示。在其后可带有 Yacc 声明，每个 Yacc 声明段声明了终结符号和非终结符号的名称。这些终结符可以用上述的 Lex 的返回值。所有这些标记都必须在 Yacc 声明中进行说明。前一部分包含了头文件以及两个函数的前置声明，由于 C 语言要求函数必须在使用之前声明，所以前置声明 yylex 和 yyerror 是必须的。他们都将直接插入到生成的 C 语言中。

（2）规则部分。

规则部分包括 BNF 格式中的文法规则以及将在识别出相关的文法规则时被执行的 C 代码所写的动作，如图 3.21b）所示。在这里定义的组（lines）是由标号（LINE）、冒号和动作（ACT）组成。"I"表示 lines 可有多个选择。非终结符 ACT 在下面又做了规定，直到所有符号都为终结符为止。每一个文法规则必须用分号结束。lines 后面的语法规则就定义了指令表语言的书写规则和格式。它表示，一行指令表语言，必须由标号、冒号或者后面的动作组成，而动作这个非终结符的语法也在下面进行了定义，它可以由命令加操作数组成。如果不是按照这种规定所写的程序，如每行语句中没有标号等，即是错误的语法。

（3）子程序部分。

如图 3.21c）所示，在主程序中，它调用 yyparse 子程序来对输入进行语法分析，而 yyparse 反复地调用 yylex 子程序来获得输入单词，并通过 yyerror 子程序报告出错信息。

4. Lex 与 Yacc 的结合

一个由 Yacc 生成的解析器调用 yylex() 函数来获得指令表程序标记。yylex() 可以在 Yacc 中单独编写，也可以由 Lex 来生成。对于由 Lex 生成的词法分析器，和 Yacc 结合使用时，每当 lex() 读取并匹配了一个模式时，就返回一个标记，当 Yacc 获得了返回的标记后进行语法分析。当 Yacc 编译一个带有标记的.y 文件时，会生成一个头文件，它对每个标记都有#define 的定义，头文件必须在相应的 Lex 源文件中的 C 声明段中包含。

Lex 与 Yacc 结合生成编译器的步骤如下：

①编写一个命名为 mylex. l 的语句表的词法文件,以及一个 myyacc . y 的语法文件(文件名称可以自定义,但文件类型必须为 .1 和. y)。

②用 Yacc 运行 myyacc. y 文件,生成 y. tab. c 和 y. tab. h 文件。因为在 Lex 源文件中需要包括 y. tab. h 头文件,利用里面的宏定义,因此要先运行 myyacc. y 文件。执行命令为: $ yacc -d myyacc. y。

③运行 mylex. l 文件,生成 lex. yy. c 的 C 语言文件。执行命令为: $ lexmylex. l。

④将 y. tab. c 和 lex. yy. c 连接起来编译,生成可执行文件 compiler。执行命令为: $ cc -o compiler y. tab. c lex. yy. c。

⑤运行 compiler,即可对指令表语言进行词法和语法分析。最后一段为输入错误(包括词法错误和语法错误)时的运行情况。

3.5.2　运行系统

运行系统是软 PLC 的核心,其任务是完成输入处理、程序执行、输出处理等工作,由 I/O 接口、通信接口、系统管理器、错误管理器、调试内核和编译器组成。软 PLC 运行系统将开发系统生成的程序编译连接成可执行文件运行,用输出结果反映 I/O 状态的改变。

系统运行一个新的 PLC 程序对应有一组系统管理模块、应用程序存储模块、数据存储模块以及应用程序执行模块。这些模块集合对应于国际标准 IEC61131-3 PLC 软件模型中的资源。采用 C++语言面向对象方法将软 PLC 系统各功能模块封装成不同类,提供接口函数来实现模块间的通信。运行用户程序时,系统首先会实例化程序运行所需要的资源模块,建立内部的通信机制。当然系统有建立全局数据区供不同程序、功能模块、系统资源等相互之间访问。其实软 PLC 系统中仅创建一个 I/O 接口模块和一个通信模块,这两者与各资源中模块的通信就是通过全局数据区变量实现的。

软 PLC 系统采用循环扫描工作方式完成用户设定的逻辑控制、运动控制及过程控制等。每个扫描周期内最基本的 PLC 系统需要完成几个任务,包括:PLC 内部工作单元的调度、监控;PLC 与外部设备间的通信;用户程序所完成的工作。各个任务的基本工作状态如图 3. 22 所示。

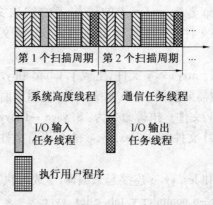

图 3.22　软 PL C 基本工作状态

通信功能对象创建一个负责与外部设备以指定格式会话的任务；I/O 接口功能模块定义一个读 I/O 状态到输入数据寄存器，以及将输出数据寄存器中的 I/O 状态写到输出口的任务；系统管理功能负责调度其他任务执行的任务；应用程序执行功能对应一个从指令内存中首指令地址开始，顺序执行各个指令对应的指令函数的任务。

另外，从用户程序的角度出发，软 PLC 提供给用户两个不同等级的任务：基于循环扫描执行程序的任务；基于时间周期执行程序的任务。用户可以将要实现的逻辑控制、运动控制及过程控制程序段按照不同的实时要求，分别交给两个具有不同任务等级的任务完成。按照任务是否循环执行分为周期和非周期任务。非周期任务包括程序指令集存储任务和数据存储任务，因为在不考虑软 PLC 在线修改的情况下，这些任务只是在运行某个用户程序的起始阶段完成将用户程序、系统数据写入内存的工作，以及结束阶段完成对内存的释放工作。周期任务就是指在每个循环周期内都被调用的任务，包括通信任务、人机交互任务、输入采集任务、执行用户程序任务、输出任务以及系统调度任务。其中执行用户程序任务又分两个不同等级的任务，即基于循环扫描和基于时间周期（定时执行）的任务。整个软 PLC 系统任务划分模型，如图 3.23 所示。软 PLC 系统最基本的多任务执行流程，如图 3.24 所示。

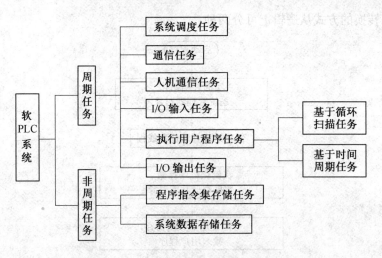

图 3.23　软 PLC 系统多任务划分模型

　　传统 PLC 系统只能按自诊断、通信、I/O 读取、用户程序执行、I/O 输出这一固定顺序,扫描、执行程序。但会出现某一程序段不能按用户的实际要求定时执行的情况,这就极大地限制了 PLC 功能的灵活性及其应用范围。但是,可编程控制器国际标准 IEC61131－3 程序允许程序的不同部分在不同的时间、以不同的比率并行执行,极大地扩大了 PLC 的应用范围。软 PLC 系统在通用循环扫描执行用户程序任务的基础上,提供了一个具有定时扫描执行能力的任务。这个定时扫描执行任务有较高的优先级,主要完成用户所要求的具有强实时性的事件,如可以将机床急停、限位、循环启动及循环暂停等逻辑程序安排在这个任务等级中。当然,可以在此软 PLC 功能基础上增加多个具有不同优先级的定时扫描执行的任务。基于循环扫描任务主要执行一些相对实时要求低的控制。但是两个不同任务等级的任务执行用户程序的流程却是相同的。各个任务依次读取对应程序存储区内的指令,然后解释并调用相应的执行函数。两类用户级任务下软 PLC 的运行时序,如图3.25 所示。图中最小扫描周期是由用户依据其程序量的大小设定的。

　　软 PLC 应用软件的结构采用多作业、多任务的组织形式。随着运行工况的不同,各自又会处于就绪、运行、挂起与睡眠四种不同的状态。控制器系统中任务的调度就是如何平滑地处理多任务之间的状态切换,使它们有条不紊地运行,提高系统整体性能的可靠性。促使任务状态转换的方式从逻辑上可分两种：

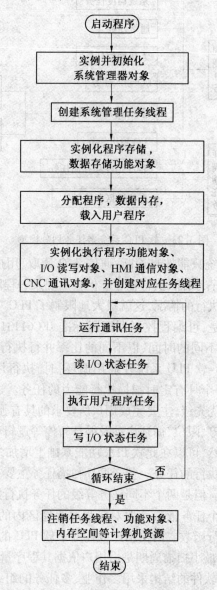

图 3.24　软 PLC 系统多任务工作流程

　　其一为直接方式，该方式是常规的按优调度的原则。即从完成PLC 控制器系统功能的角度出发，对每个任务线程按其运行的紧迫程度分配一个优先级。

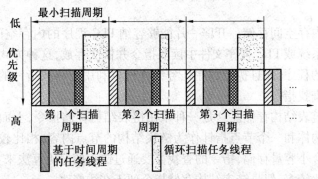

图 3.25　两类用户级任务下软 PLC 的运行时序

其二为间接方式,该方式通过任务之间的相互关联与相互制约而进行的状态转换。这种任务之间的协调主要体现在:多任务争夺系统中的临界资源而引起的互斥;由于完成相关功能而协调工作带来的同步与通信。间接调度实现了就绪及运行之外的其他状态的切换。RTX实时子系统中提供事件、互斥、信号量以及共享内存等同步对象来协调工作。

软 PLC 系统本来就是循环扫描执行系列任务的控制器系统,在每个循环扫描周期内任务线程执行是有序的。系统为每个任务线程创建一个事件对象协调多任务线程的执行。只要事件不被触发,线程永远处在睡眠状态。任务线程中使用 RtwaitForSingloObject( ) 或 RtwaitFor-MultiObjects( )原语等待同步对象的触发。软 PLC 系统管理任务线程依据当前程序执行状态字信息,决定下一个或多个并行运行任务,触发相应的事件对象唤醒睡眠中的线程。例如,当读 I/O 状态任务线程运行结束后,PLC 系统管理任务线程获得 CPU 资源,它读取运行状态字RunState 值,判断得知需运行程序执行线程并触发 hEvent 对象,唤醒程序执行线程后放弃 CPU 资源,操作系统自动调度程序执行线程。当定时扫描执行的任务线程运行结束,系统管理线程同样会依据状态字确定其后调度写 I/O 任务线程。另外,软 PLC 运行系统与 HMI 和 CNC之间则是因为双方对临界资源的访问而采用间接调度方式。

PLC 程序是实现某种控制的许多指令的集合。PLC 系统依次读取内存中的指令并执行相应的操作,每个指令在 PLC 中都有其对应的执行函数。软 PLC 系统用户程序存储功能提供了两种指令集的存储方法：

①内存空间存储。开辟一片能够容纳 PLC 程序的内存空间，然后从开发系统或 PLC 程序文件中读取指令并依次存放，这种方式适合存储量大的程序，而且执行程序任务线程可以利用定格式指针的加减运算迅速查找指令。

②链表结构存储。这是一种采用链表结构存储指令，上面定义的指令结构体和一个节点指针作为链表结构的节点内容，相比较前者它比较适合小容量存储，指令的查找需要通过链表的遍历算法来实现，消耗时间比较多，但是链表结构存储指令便于在线修改。

逻辑堆栈是内存中开辟的链表形式的栈数据结构，栈中数据类型是布尔型的。用来保存指令、功能块逻辑运算后的结果，同时指令、功能块也从逻辑堆栈中获取中间结果参与运算。软 PLC 为基于循环扫描的程序执行任务、基于定时周期的程序执行任务各创建一个逻辑堆栈。这样不同的用户级任务各自管理自己的逻辑数据，避免因相互间中断而保护逻辑堆栈内容。但是在任何程序执行任务内部会定义另外几个逻辑堆栈，用于调度子程序前保护主程序逻辑结果。逻辑堆栈对象是实现系统内部程序、功能及功能块之间通信的局部变量。各用户级任务间的切换、中断及数据的保存由操作系统自己完成。

I/O 寄存器也称为内存 I/O 数据区，用于存储外部开关量状态、模拟量数值，以及内部继电器、定时器、计数器 I/O 状态，这类数据信息作为系统的全局变量或直接变量，可以供软 PLC 系统中任何任务、程序或功能块访问，由系统数据存储功能模块统一管理。用户级任务、I/O 读写及通信任务均有 I/O 数据读写封装类提供的接口实现。

3.6　人机界面

人机交互模块是操作者与数控系统控制器交互的平台，数控机床操作者通过面向人机界面进行加工操作。人机交互模块主要完成下述功能：

①系统参数的设定、修改功能。

②NC 程序的编辑和显示、译码时的错误提示显示。

③开关量输入功能,如自动、手动、手轮、主轴正反转、主轴停、主轴和进给倍率等。

④加工信息显示功能,如当前加工程序行、运动轴位置坐标、各轴进给速度、主轴转速等。

⑤过程参数显示功能,如当前切削力、振动加速度等实时采集的信号。

开发的开放式智能数控系统的人机界面,如图 3.26 所示。

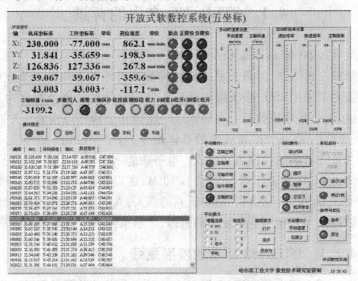

图 3.26　开放式智能数控系统的人机界面

人机界面是运行在 Win32 系统环境下的界面应用程序,它的核心需要完成 CNC 控制系统、离散逻辑进程与界面线程间的实时信息或非实时信息的传递和反馈。为了实现不同内部进程间的通信(IPC, Inter Process Communication),使用了 RTX 提供的事件、信号量、共享内存、互斥等 IPC 对象,以及一些 RTAPI 函数编程来实现。离散逻辑模块中有专门负责读写共享内存的任务线程,将共享内存区的数据传递到系统内部指定的 I/O 数据存储区。界面线程将数据封装在一个共享内存数据类中,通过类提供的数据读写接口实现对数据的访问。

第4章 STEP-NC 技术

4.1 STEP-NC 产生的背景

数字控制(Numerical Control,NC),是用数字化信号对被控对象加以控制的一种方法,是数控系统和数控编程技术的有机体。现在的数控系统主要采用 ISO 6983 编程标准。采用此标准的数控程序由程序段组成,每个程序段执行一个动作或一组操作。程序段由若干"字"组成,每个"字"是一个控制机床的具体指令,每个字段由一个大写英文字母和紧随其后的几位数字组成。准备功能字和辅助功能字是程序段的主体,由于其代表字母分别是 G 和 M,所以常用 G/M 代码来代表 ISO 6983,简称为 G 代码。随着研究的深入,人们发现这一标准已经变成了数控技术乃至制造业发展的瓶颈,严重束缚了数控系统的发展。

4.1.1 ISO 6983 标准的发展瓶颈

ISO 6983 标准起源于 20 世纪 60 年代,在当时发挥了积极的作用。但随着数控系统向智能化方向发展,CAD/CAM 软件图形交换标准的发展,数控系统对编程标准有了新的需求。从数控系统的内延发展趋势来看,要实现智能化,数控系统必须了解生产加工特征的几何信息和各种加工工艺信息,而 G 代码没有包含这些信息。从数控系统的外延发展趋势来看,不同企业间必须能够进行加工信息的交流和共享,但 G 代码由于对其硬件的依赖性,因此互换性较差[96]。

据欧洲的 OPTIMAL(Optimised Preparation of Manufacturing Information with Multi-Level CAM-CNC Coupling)项目小组的调查,采用计算机辅助设计(CAD)系统生成的工程图纸仅有 10% 作为电子数据传递给采用 ISO 6983 标准的 NC 程序编制系统,其余的 90% 都要重新绘制。可以说,ISO 6983 标准阻断了计算机数控(CNC)与 CAD/CAM 系统交换数据的道路。

随着 CAD/CAM 系统和 CNC 系统性能的提高,以及开放式数控系统的不断发展,ISO 6983 已经成为制约数控技术智能化、集成化和网络化发展的"瓶颈",远不能满足数控技术高速发展的需要[97]。其缺点主要表现在以下几个方面:

1. 信息量少

G 代码的信息功能主要是指定刀具的运动与简单的机床功能,而对工件材料、尺寸与形状公差,以及表面光洁度等许多有用的信息却无法指定。因此,数控系统不可能具有任何自我规划、自我检测和自我决策的智能化行为,堵塞了其进一步发展的道路。

2. 现场编程或修改非常困难

对于稍具复杂性的加工对象,G 代码一般需要事先由后处理程序生成,增加了信息流失或出错的可能性。

3. 影响产品信息交换

G 代码导致产品数据只能自上而下而不能自下而上传递,因此,在制造阶段所作的任何数据修改与完善都不能传给上游的系统,造成了技术与实践经验的流失,难以支持先进制造模式。

4. 产品信息定义不完整

G 代码只定义了机床的运动和开关动作,不包含产品数据的其他信息,因此 CNC 系统根本不可能获得完整的产品信息,更不可能真正实现智能化。

5. 需要后置处理器

由于 ISO6983 标准的不少地方存在歧义,而且也存在许多不完善的地方,各数控厂商都对其开发了自己的扩充功能和专有指令,造成不同控制系统之间互不兼容。所以必须安装相应的后置处理器,将 CAM 系统生成的刀具轨迹转换成数控系统可识别的 G 代码数控程序。

6. 对相关人员要求较高

对制造工程师及机床操作者的要求相对较高,这些人员必须熟悉所用的数控系统的 G 代码定义及机床性能,因此技术培训必不可少,而且成本较高。

7. 生产效率低[98]

图 4.1 为 ISO6983 的数字控制程序格式及其缺点。

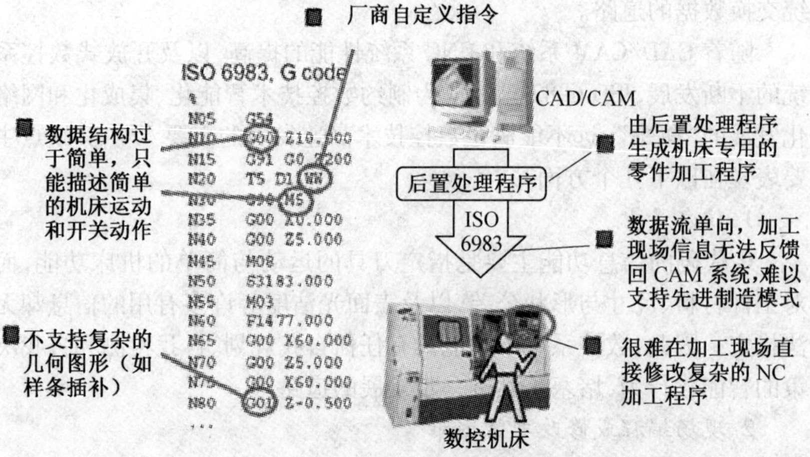

图 4.1　ISO6983 的数字控制程序格式及其缺点

4.1.2　产品数据交换标准的发展

计算机辅助技术(Computer Aided,CA)是在产品制造过程中利用计算机技术完成产品设计、工艺规划和加工等环节的任务。现有的 CAX(CAD,CAM,CAPP,CAE,CAI 等各项计算机辅助技术之综合叫法)技术主要包括 CAD,CAM 和 CAPP,所交换的数据大多数为产品的几何信息。CAD/CAM 技术面世后,出现了许多商用 CAD/CAM 软件,但由于历史的原因及开发目的不同,不同的 CAD/CAM 系统所采用的数据结构及数据处理方式并不相同,所用的开发语言也不完全一致。因此,两个不同的系统间不能直接进行数据交换,只能通过一个中间的数据格式进行间接交换[99]。为了解决这一难题,世界各国研制开发了各种不同的图形交换标准。其中,运用比较广泛的是美国的基本图形交换规范 IGES(Initial Graphics Exchange Specification)标准和国际标准化组织的 STEP。IGES 标准出现较早,1980 发布第一版,之后为了适应 CAD/CAM 领域软硬件技术的发展,进行了 3 次修改,其第 4 版于 1988年发布。但 IGES 标准仅能够交换几何图形数据,只适应于 CAD 系统。采用 IGES 在两个不同的 CAD 系统间交换数据时,要经过至少 2 次的数据转换。

为了解决上述问题,人们开始探索一种新的数据交换机制。1984

年,国际标准组织启动了新的产品数据交换规范的研究计划。计划目标是要定义一种中性的、无歧义的、可扩展的和计算机可识别的产品数据模型,此数据模型能够使产品数据描述在其生命周期中保持不变。这一新的数据模型于 1994 年正式成为国际标准,也就是 STEP[100]。目前,在计算机辅助设计 CAD 和计算机辅助制造 CAM 阶段已经实现了产品模型数据交换标准 STEP。现在大多数的 CAX 系统都支持这一数据接口。

最初的 STEP 标准主要用于在 CAX 系统之间交换几何与公差等产品设计信息,后经不断地扩充与完善,形成了一套完整的信息建模体系,并覆盖了产品加工的多个领域。STEP 标准主要采用应用协议 AP203 和 AP214 来表示几何信息,大多数 CAD 软件都支持这两个应用协议,能够读取或生成符合标准的信息交换文件。

AP203 的全称是"配置控制的设计协议"(Configuration controlled 3D designs of mechanical parts and assemblies),仅限于三维数据的表达与配置控制。AP203 根据各个 CAD 造型系统实现上的需要,在实现途径上共划分为 6 个一致性测试分类(Conformance Class,CC)集,它们都可以相对独立地分别实现。AP203 是当前 STEP 中比较成熟的标准,目前几乎所有的主流 CAD 系统都提供了对 AP203 的支持。但大多数都只是部分支持,也就是说支持一个或几个 CC,而且每个 CC 都有各自的形状模型表达。

AP214 的全称是"汽车机械设计过程的核心数据",它是基于特征的、面向汽车设计全过程的应用协议,几乎覆盖了 STEP 现有的关于机械产品开发的应用协议。AP214 共有 20 个一致性分类,分别为 CC1 至 CC20,非常全面的涵盖了整个汽车工业过程。其中,3D 组件设计形状表达模型 CC1 和基于特征的设计模型 CC14 是比较常用的一致性分类。由于当前商用的 CAX 系统还不能完成对 AP214 的支持,因此本书利用 CAD 软件生成的 AP214 文件属于 CC1 范畴,亦即和 AP203 文件一样,都是描述产品形状的几何信息,且二者文件格式相同。因此,本书以后的研究均针对于 AP203 文件,而 AP214 文件的处理方法与 AP203 文件完全相同。

AP203 文件对于零件几何信息的表达是一个自上而下、层层细化的过程,几何信息的提取和特征的识别都应严格按 AP203 文件数据模型依次进行。AP203 文件表达零件几何信息的数据模型如图 4.2 所示。形状表示法关系实体是整个数据模型的入口,而封闭壳实体是数据模型的核心部分,零件的几何信息定义由此开始。封闭壳定义了空间中一个区域的边界,其拓扑方向直接定义为从有限区域到无限区域。封闭壳由一个面的集合定义,这些面可以是有向面,在考虑这个方向后,每个面的方向都应与上面定义的壳的法线方向一致。而通过读取这些面及其一系列相关的属性的信息,即可以确定出封闭壳实体也就是工件上所具有的特征及其具体参数。

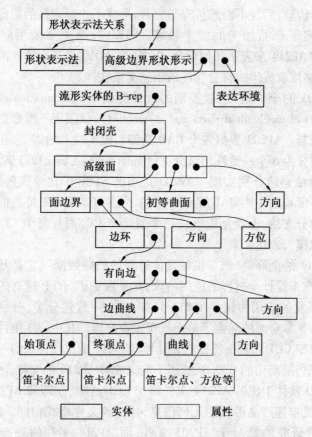

图 4.2　AP203 文件表达零件几何信息的数据模型

4.1.3 STEP-NC 的出现

为了解决 ISO 6983 带来的一系列难题,各发达国家纷纷启动了新的数控标准研究项目,试图将 STEP 扩展到制造领域。1997 年欧共体通过 OPTIMAL 计划开发了一种遵从 STEP 标准、面向对象的数据模型。重新定义了面向铣削加工的编程接口,提出了与产品模型数据交换标准兼容的数控数据接口 STEP-NC(the STandard for the Exchange of Product model data – compliant Numerical Control data interface)的概念[101]。

STEP-NC 将 STEP 扩展至数控领域,重新规定了 CAD/CAM 与数控系统之间的接口,其几何信息描述和文件格式与 STEP 完全一致。它要求数控系统直接使用符合 STEP 的 CAD 三维产品数据模型(包括零件几何数据、设置和制造特征),加上工艺和刀具等信息,直接生成加工程序来控制机床。其间,CAM 系统只负责加入工艺和刀具等信息而不必进行后置处理。

STEP-NC 的本质是基于加工对象特征,描述加工什么,根据给定零件的形状、尺寸、公差、加工顺序、所用刀具和操作方法等信息规划出刀具轨迹,进而完成实际加工。简单地说,STEP-NC 面向对象,着眼于加工什么;G 代码面向过程,着眼于如何加工。这是二者之间的本质区别[102]。

STEP-NC 克服了 ISO 6983 的许多缺点,使得 STEP 标准延伸到了自动化加工的底层设备,建立了一条贯穿整个制造网络的高速公路。它不仅影响数控系统本身,而且还会影响其它相关的 CAX 技术、刀具、机床本体和夹具等的发展,以及先进生产模式的实施等。STEP-NC 的主要优点表现在以下几个方面:

1. 数控程序的通用性

由于 STEP-NC 面向制造特征,描述工件的加工操作,不依赖于机床轴的运动,不需要后置处理程序,数据格式在不同的机床上完全一样,同一加工程序可适用于不同 CNC,因此程序具有良好的互操作性和可移植性。

2. 工艺参数修改方便

以传统的数据接口为基础的 NC 程序,仅能修改进给速率和切削速度等工艺参数,而 STEP-NC 可以有效地修改各种工艺参数。

3. 实现双向数据交换

为了优化生产过程和提高成品质量,经常需要对 NC 程序加以修改。但采用 ISO 6983,这些改动无法反馈到 CAM 系统,因为生成 NC 程序时记录最初加工需求的信息已经丢失了,而使用 STEP-NC 就会减少信息丢失的问题。同时 CAM 系统和数控系统既能重新解释这些最终用户和供应商定义的代码扩展部分,也能通过数据库存储这些信息以避免在加工车间再进行多余的代码测试。

4. 直接进行信息交换

由于使用 STEP 对零件毛坯和成品进行几何信息的描述,因此在 CAD,CAM 和 CNC 系统之间就能实现信息的直接交换。几何数据和制造特征能够从基于特征的 CAD 系统中输入,再加入加工工艺等信息就能生成零件加工程序。

5. 加工车间获得高层次的加工信息

STEP-NC 除包含工件几何信息外,还包含加工过程中所需的刀具和工件等信息。因此,在整个生产的每个阶段都避免了信息丢失,给加工车间提供更高层次的信息,以实现精确加工。不再需要为机床设计专用后置处理器,有利于实现数控系统的智能化[103]。

6. 简化数控编程,易于修改

STEP-NC 具有编程简单,现场编程方便而且代码易于再利用的特点。产品数据统一管理,任何阶段的数据修改都能够实时进行并被存储,程序代码修改更加便捷。另外,同一程序可以直接在不同型号的机床上运行。

7. CAX 系统分工重新分配

采用 STEP-NC 作为数控编程接口后,CNC 具备了更强的自我规划、自我检测与自我决策功能。新的 STEP-NC 数控系统可以将现有的 CAM 与 CNC 功能集于一身,直接读取 CAD 生成的工件几何信息,完成工艺规划,生成刀具轨迹。后处理器在终端用户处将不会很久,如果存在,将被隐藏在控制器内部,功能是将 STEP-NC 程序转化为传统的 G 代码程序[104]。

8. 提高加工质量和效率

STEP-NC 的提出改变了目前 CNC 系统被动执行者的地位。CNC

功能的加强不仅有利于产品质量和加工效率的提高,而且还能提高其上游环节的效率。据美国 STEP Tools 公司统计,STEP-NC 能够节省 35% 的加工工艺准备时间,节省 75% 的生产数据准备时间,减少 50% 的实际加工时间。

9. STEP-NC 控制器的智能化

采用 STEP 的数据格式后,CNC 的结构、功能都将发生很大的改变。从结构上看,STEP-NC 数控系统的输入输出(I/O)接口与伺服系统将保持不变,后置处理器消失。从系统功能来看,数控系统将会把 CAM 的部分甚至全部功能内嵌在其内部,随着 CNC 读取的信息量的大幅度增加,其智能化程度将不断提高。

基于 STEP-NC 的 NC 程序的格式及优点,如图 4.3 所示。

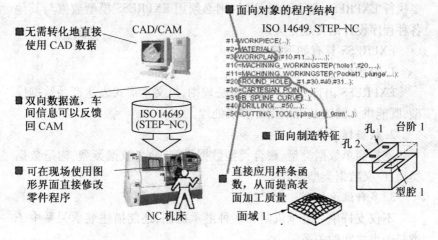

■ 无需转化地直接使用 CAD 数据

■ 双向数据流,车间信息可以反馈回 CAM

■ 可在现场使用图形界面直接修改零件程序

CAD/CAM

ISO14649
(STEP-NC)

NC 机床

■ 面向对象的程序结构

ISO 14649, STEP-NC

```
#1=WORKPIECE(...);
#2=MATERIAL(...);
#3=WORKPLAN(#10 #11...,...);
#10=MACHINING_WORKINGSTEP('hole1',#20,...);
#11=MACHINING_WORKINGSTEP('Pocket1_plunge',...);
#20=ROUND HOLE(...#1,#30,#40,#31...);
#30=CARTESIAN POINT(...);
#31=B_SPLINE_CURVE(...);
#40=DRILLING(...,#50,...);
#50=CUTTING_TOOL('spiral_drill_9mm'...);
```

■ 面向制造特征

直接应用样条函数,从而提高表面加工质量

孔 1　台阶 1
孔 2
型腔 1

面域 1

图 4.3　基于 STEP-NC 的 NC 程序的格式及优点

4.2　STEP-NC 文件结构

STEP-NC 标准引入了 STEP 标准的描述方法、实现方法和几何信息数据模型等。STEP-NC 文件包含了产品制造全生命周期需要的所有数据,包括工件描述、特征、加工方法、工艺、刀具和公差等信息,涉及到了 ISO 10303,ISO 286 和 ISO 841 等多个国际标准,而且程序中的各个实体是相互关联、层层嵌套的。

4.2.1　STEP-NC 描述语言 EXPRESS

STEP-NC 标准采用了 STEP 标准的描述方法,即 EXPRESS 语言。EXPRESS 语言是一种形式化信息建模语言,常被人称为面向对象的工程数据模型描述语言,关于其标准可参见 ISO TR9007,ISO 10303。它由允许用明确和简要说明数据限制定义的明确对象语言元素组成。EXPRESS 吸收了面向对象技术中的继承等机制,形成了具有强大表达功能,又易于描述产品数据的数据类型。但它并不是一种像 C++那样的程序设计语言,也不是 CORBA/IDL 那样的接口描述语言。它只定义数据模型的结构和约束信息,而不能描述数据模型上的操作,不包含输入/输出、信息处理以及异常处理等语言元素。需要注意的是,当需要执行 EXPRESS 定义的数据时,则必须用 EXPRESS 模型数据与其他各种程序设计语言建立关系。

EXPRESS 具有如下特点:

1. 形式化

EXPRESS 语言具有严格的语法规则,以文本形式表达产品数据模型,既能供人阅读又可以用计算机处理。

2. 数据模型丰富

支持简单数据类型、聚合类型数据类型、命名数据类型、构造数据类型、广义数据类型等。

3. 多种继承机制

不仅支持单一继承机制和多种继承机制,还能描述继承关系中子类与子类之间的关系。

4. 强大的约束描述能力

提供逆向属性、子句、规则、函数、过程和多种操作用于描述实体内部及实体之间的约束关系。

5. 与实现无关

EXPRESS 语言提供面向概念模型设计,其数据类型可以用文件、数据库、XML(eXtensible Markup Language)文档等多种方式实现。

EXPRESS 数据模型的主题是模式(Shema),模式说明描述一个逻辑上独立、完整的概念模式。EXPRESS 描述的信息模式是由一个或几个模式组成,模式内包括了界面规范、常数说明、实体说明、函数说明、过程说明、类型说明、规则说明等,这些说明是相互并列的。模式是 EXPRESS 描述的最外层框架,一个模式的结构如图 4.4 所示。

SCHEMA　schema_id;
　　　　　　{interface_specification}
　　　　　　{constant_declaration}
　　　　　　{entity_declaration}
　　　　　　{function_declaration}
　　　　　　{procedure_declaration}

　　　　　　{type_declaration}
　　　　　　{rule_declaration}

FND_SCHEMA;

图 4.4　Shema 模式

EXPRESS 模式的主体部分是实体说明,实体说明建立一个实体数据类型,一个实体数据类型表示了一类具有共同特性的对象。对象的特性在实体中用属性和约束表达。一个实体说明如下:

ENTITY entity _ id[subsuper]
　　{ explicit _ attr}
　　{ derive _ clause}
　　{ inversc _ clase}
　　{ unique _ clause}
　　{ where _ clause}
　END _ ENTITY

其中,entity_id 是实体标识符;subsuper 是实体的子类、超类说明;explicit_attr 是显式属性说明;derive_clause 是导出属性说明, inverse_clause 是逆向属性说明;unique_clause 是唯一性原则;where_clause 是值域规则。

Entity 结构中,除了显式属性是必需的,其他可以视具体情况任选。例如,以圆为实体,使用了导出属性。

ENTITY circle;

center:point;

radius:REAL;

DERIVE

Area:REAL=PI * radius * 2

END_ENTITY

EXPRESS 提供的数据类型相对丰富,包括简单数据类型、命名数据类型、聚合数据类型、构造数据类型和广义数据类型,见表 4.1。

EXPRESS 描述的重点是众多属性定义而成的实体,这些属性既可以是简单数据类型,也可以是其他数据类型。

表 4.1　EXPRESS 数据类型[105]

数据类型	性质	描述
简单数据类型	EXPRESS 语言最基础的数据类型	有数值型(NUMBER);实数型(REAL);字符串型(STRING);整数型(INTEGER);布尔型(BOOLEAN);逻辑性(LOGICAL);二进制型(BINARY)7 种类型
命名数据类型	用户自定义的数据类型	包含实体(ENTITY)和定义类型(TYPE)两种类型
聚合数据类型	简单数据类型的组合	有数组(ARRAY);链表(LIST);数袋(BAG);数集(SET)4 种数据类型
构造数据类型	数据只能从有限个数中取某一个值	包含选择类(SELECT)和枚举类(ENUMERATION)两种类型
广义数据类型	规定其他数据类型的总称	由关键字 GENERAL,AGGREGATE 说明,只用于函数或过程的参数类型说明,在实体类型中不能使用

EXPRESS 允许在实体间建立继承关系,即子类/超类关系。子类实体是超类实体的特殊化,继承超类实体的所有属性与约束,同时可以具有超类所不具有的附加特性。子类的一个实例同时也是超类的一个实例。继承关系是传递关系,整个模式中的实体构成一个多根的有向

非循环的集成关系图。EXPRESS 同时支持单一继承和多重继承,即子类可以有一个或多个超类,超类也可以有多个子类。EXPRESS 还提供抽象超类(Abstract super-type)的概念,抽象超类不能直接被实例化,只能以子类的形式实例化。EXPRESS 的继承机制不仅能描述超类/子类之间的关系,还可以描述子类与子类之间的关系。因而可以方便地描述复杂数据模型。

EXPRESS 语言在继承关系上引入三个关系描述符,即 ONE OF,AND 和 ANDOR。ONE OF 描述符表示子类实体之间是互斥关系,一个子类实体不会与其他子类实体一起被实例化。EXPRESS 语言中这三种继承描述符可以自由组合、嵌套使用,这样就能以简洁的方式来描述对象之间的复杂关系。

STEP-NC 标准的数据模型是由 EXPRESS 语言来描述,里面包含了由 EXPRESS 映射而来的实体实例。映射规则如下:

①实体实例指的是具体的实体,在文件中都以一定的实体标识符与其对应,即#加整形数;

②简单数据类型的实体实例的映射是,大写字符写成的实体名,加一对括号形式。括号中的实体的属性,出现的顺序要和 EXPRESS 定义出现的顺序一致。

③其他数据类型的映射是:

字符串型的数据映射成字符的外面加引号;

逻辑、布尔、枚举型的数据映射成大写字符加上前后两点,如".F.";

聚合性(SET,LIST,ARRAY,BAG)的数据映射成括号中的内容,用逗号分开。

例如,EXPRESS 定义如下:

TYPE
        primary_hand_abbreviation = ENUMERATION OF (left, right, neutral);
END_TYPE

ENTITY milling_cutting_tool
attribute1 : STRING;

```
attribute2：REAL；
attribute3：INTEGER；
attribute4：PRIMARY_HAND_ABBREVIATION；
attribute5：BOOLEAN；
attribute6：LIST(1：?) OF LENGTH_MEASURE；
END_ENTITY；
```

映射成 STEP-NC 文件数据段中的实体实例为：

#50＝MILLING_CUTTING_TOOL('MILL 20MM'，20.000，4，$，.F.，(50.000))

EXPRESS 的实体名"milling_cutting_tool"被映射成数据段实体的关键字"MILLING_CUTTING_TOOL"。在此例中，

attribute1 是字符串型,值为 MILL 20MM；

attribute2 是实数型,值为 20.000；

attribute3 是整数型,值为 4；

attribute4 是枚举属性,它的值为 $，表示缺省值；

attribute5 的值为一个布尔型,值为 F；

attribute6 的值为一个长度测量值,attribute6(1)的值为 50.000。

按照以上的方法,就可以把每个实体名对应的 EXPRESS 表述映射成 STEP-NC 实体实例,完成 STEP-NC 文件的创建。

EXPRESS 中同时包括图形化描述方法 EXPRESS-G,利用方块和线条等图形元素描述信息模型的实体、属性和继承关系。同一实体的 EXPRESS 描述和 EXPRESS-G 描述是等价的。在 EXPRESS-G 图中,带有空心圆的粗实线表示派生关系,带有空心圆的细实线表示实体的必选属性,而带有空心圆的虚线表示实体的可选属性。以笛卡尔点(cartesian_point)为例,其 EXPRESS 描述和 EXPRESS-G 描述,如图4.5 所示。实体的属性可以是单独的一个实体或类型,也可以是列表(List)或集合(Set)等聚合数据类型。中括号内冒号前后的数字表示聚合数据类型的元素数上下限,如上限未定,则用问号表示。对于笛卡尔点来说,其属性中的列表元素表示点位置的坐标,可以是一维、二维或三维点,因此列表中的元素数范围为 1 到 3 个。笛卡尔点派生于点(point)实体,只有一个列表类型的必选属性,没有用虚线连接的可选属性。

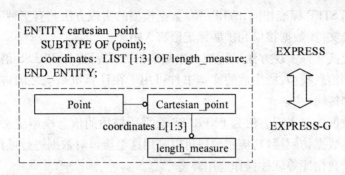

图 4.5 STEP-NC 信息描述方法

4.2.2 STEP-NC 程序文件结构划分

STEP-NC 数据模型的基本原理是,根据制造特征采用面向对象的方法进行 NC 编程的,这里的对象是指制造特征及加工特征时相对应的工艺数据。STEP-NC 数据模型如图 4.6 所示,其根节点是工程(Project),主要包含工件(Workpiece)和加工计划(Workplan)两部分。工件描述了被加工的对象,而加工计划描述了所采用的方法、工艺参数和工具等信息。

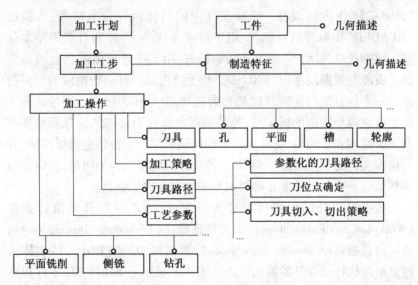

图 4.6 STEP-NC 数据模型

　　与 STEP 标准相同,STEP-NC 数据模型的实现方法共有三种,分别为交换文件、数据接口和扩展标记语言 XML。

　　交换文件实现方法采用纯文本编码的方式表达 EXPRESS 语言所描述的信息模型,所生成的文本书件可用于在计算机系统之间进行产品数据传输[106]。

　　数据接口实现方法为 EXPRESS 语言所描述的信息模型定义了一组标准数据访问接口,应用程序可以利用这组接口对数据进行操作,一般用于数据库等软件操作应用环境[107]。

　　XML 实现方法采用 XML 技术描述 STEP-NC 信息模型,所生成的数据文件可以传输到互联网,利用统一资源定位符 URLs(Universal Resource Locators)来访问,适用于网络化系统间的数据交换[108]。

　　在本书所建立的闭环加工系统架构中,存在工艺规划子系统与数控加工子系统之间的产品加工信息交换,两者之间使用交换文件作为数据交换的实现方法。如图 4.7 所示,STEP 交换文件以纯文本的方式对产品加工信息进行编码。STEP-NC 交换文件以行为单位,以分号作为一行程序结束的标识,每一行代码表示一个信息模型的实例或标识符。交换文件的开始和结束分别以"ISO-10303-21"和"END-ISO-10303-21"作为标识符。交换文件中的具体内容分为两段,头段以"HEADER"作为开始标识符,用于描述文件名、作者和日期等基本信息。数据段以"DATA"作为开始标识符,用于描述具体的信息模型实例。头段与数据段都以"ENDSEC"作为结束标识符。数据段的每一行表示一个信息模型实例,以"#"作为起始,分号作为结束。等号前数字作为信息模型实例的标识号,等号后面的部分为具体的信息模型实例及其属性列表。STEP 交换文件中的标识号用于定位信息模型实例,并不代表文件的读取顺序。STEP 交换文件的数据结构为树形,所以必须完整读取一个文件才能正确提取其中的产品加工信息。

　　数据段部分的内容可以分为三部分:加工计划及可执行操作(Workplan and Executables)、工艺信息描述(Technology Description)和几何信息描述(Geometry Description),数据段中的"PROJECT"实体关键字是可执行任务开始的入口点。图 4.8 显示了 STEP-NC 零件程序之间的结构关系。

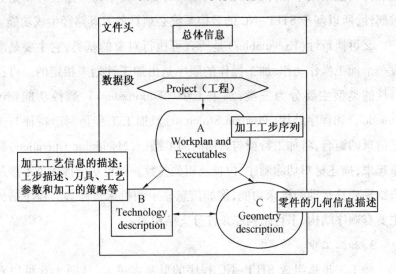

头
段
```
ISO-10303-21;
HEADER;
FILE_DESCRIPTION(('Drill hole'),'1');
FILE_NAME('Hole.stp',2012-12-21,('Noname'),('HIT'),$,'ISO 14649',$);
FILE_SCHEMA(('MACHINING_SCHEMA', 'MILLING_SCHEMA'));
ENDSEC;
```

数
据
段
```
DATA;
#1=PROJECT('EXAMPLE',#2,(#3));
#2=WORKPLAN('MAIN PLAN',(#4),$,#5);
#3=WORKPIECE('SIMPLE WORKPIECE',#6,
0.01,$,$,#8,$);
#4=MACHINING_WORKINGSTEP
('DRILL HOLE',#13,#16,#17);
#5=SETUP('',#30,#34,(#37));
...
#13=PLANE('SECURITY_PLANE',#14);
#16=ROUND_HOLE('ROUND HOLE', #3,(#17),#23,#27,$,$,$,$,#28,$,#29,$,$);
#17=DRILLING($,$,'DRILL HOLE',$,10.000,$,#18,#21,#22,$,$);
#18=CUTTING_TOOL('DRILL',#19,$,(70.000),75.000,$,$);
...
ENDSEC;
END-ISO-10303-21;
```

图 4.7　STEP 交换文件

图 4.8　STEP-NC 程序结构

1. 工程实体

工程实体(Project Entity)是一个可执行程序的初始点,它包含于任何一个 ISO10303 Part21 格式文件的数据段(Data)部分,且是唯一的。

2. 加工计划和可执行性

①加工计划(Workplan)是由一组加工工步(Workingsteps)的序列组成。工步代表了加工任务中的最小执行单位,每个工步主要包含了一个制造特征(Manufacturing Feature)及相应的加工操作(Machining Operation)。制造特征部分描述了特征的几何信息和拓扑结构,它描述了一个工件的材料切除区域,表达一个加工过程的结果,例如孔(Hole)、槽(Pocket)、平面(Plan)、轮廓(Profile)等。制造特征通过集合属性描述,描述"是什么",但不给出工件如何加工的任何指令。

加工过程中所有信息则包含在了加工操作实体部分,包括加工方法、刀具、加工策略和刀具路径(Toolpath)等。其中刀具路径并不是必选属性,所以基于 STEP-NC 的数控系统必须具备刀具路径生成功能。

②可执行性(Executables)是所有可执行对象的基类,它主要是激发一个加工操作动作,加工操作的顺序是由加工计划来指定的。可执行性的类型主要分为三类:加工工步(Workingsteps)、数控功能(NC Function)和程序结构(Program Structure)。加工工步是制造特征与工艺信息的组合,将加工特征与具体的加工操作(Machining Operation)联系起来,描述材料切除顺序、位置及相关参数。数控功能描述了不涉及进给轴插补运动的机床功能,例如信息显示和机床暂停等。程序结构主要有顺序结构、平行结构和条件分支结构等。

3. 加工工步

加工工步是组成 STEP-NC 程序的最基本单元,从图 4.6 可以看出,通过加工工步将制造特征和对其进行的加工操作相联系起来。加工操作实体主要包含了零件加工过程中所用加工刀具(Tool)、加工策略(Strategy)、加工方法(如钻孔、粗铣平面等)以及工艺参数(Techno logy)等。加工策略是指加工时采用的加工方式,如加工一个封闭槽时,既可以采用环形切削方式也可以采用行切方式进行铣削加工;工艺参数是指主轴转速、切削速度和切削液等工艺信息。

4.几何描述

在 STEP-NC 程序中,对于工件总体结构信息、安装和定位面信息以及制造特征几何信息等都是依据国际标准 ISO10303 所规定的格式来进行信息的描述和表达的。即 STEP-NC 中的几何信息描述方式与 STEP 中的几何信息描述方式完全兼容。这样做的好处是 CNC 可以直接读取 CAD 中的数据,从而避免数据格式的转换以及转换过程可能造成的信息丢失现象。

4.2.3　两种编程标准的对比

基于 STEP-NC 的数控加工程序无论从文件格式上还是内容上都与传统的基于 ISO 6983 有很大的区别,如图 4.9 所示。相对于传统的"G&M"代码,STEP-NC 数控程序所包含的内容更加丰富。STEP-NC 程序中文件头部分给出了文件名、编程者、编程日期和注释等附属信息,数据段是零件程序的核心部分,其包含了所有制造任务及其相关的工艺数据和几何信息。其不但包含了"What to make"等底层次信息,而且还包含了"How to make"等高层次信息。其中 Workingsteps(加工工步)是组成 STEP-NC 文件的基本单元,在每个 Workingstep 中既包含了要加工制造特征的几何信息(Manufacturing feature),也包括加工该特征时的加工方法等工艺信息(Machining Operation),如使用的刀具、加工方法、切削参数和加工策略(如进退刀方式、铣削方式)等。由于 STEP-NC 编程接口能为 CNC 提供完整的零件几何信息和加工过程工艺信息,因此为实现未来数控系统的智能化奠定了基础。

```
ISC-10303-21

EEADER;

FLI_DESCRIPTION(('EXAMPLE OF NC PRO GRAMME FORMILLLNG:PLANARFACE,POCKET,HOLE,'),'1');

FLE-NAME('EXAMPLE I.STP','$'( ISO 14649'),(''), JOCHEN WOLE','WZL RWTH-AACHEN','GERMANY');

FLE_SCHEMA(('MACHINING_SCHEMA','MILLING_SCHEMA'));

ENDSBC;

DAIA;

#1=WORKPIECE('SIMPLE WORKPIECE',#2,0.010,$,$,$,(#57,)#58,#59,#60));

#2=MATERLAL('ST-50','STEEL',(#3));

#3=PROPERTY_PARAMETER('E=200000N/M2');

#4=PLANAR_FACE('PLANAR_FACEI',#1,(#16),#42,#61,$,$,$,$,#62,0);         ┌─────────────────┐
                                                                      │ Marufa cturing Feature │
#5=POUND_HOLE('HOLEID=22 m²',#1,(#19,#20),#43,#63,$,$,$,$,#64,$,#6,$,$); │（制造特征的几何信息）│
                                                                      └─────────────────┘
... ...

#9=PROJECT('EXECUTE EXAMPLEI',#10,(#1));                               ┌─────────────────┐
                                                                      │ 所加工的制造特征 │
#10=WORKPLAN('MAIN WORKPLAN',(#11#12#13#14#15),$,#36);                 └─────────────────┘
                                                                      ┌─────────────────┐
#11=MACHINING_WORKINGS TEP('WS FINISH PLANAR FACEI',#46; #4 #16);      │ 所采用的加工方法 │
                                                                      └─────────────────┘
#12=MACHINING_WORKINGS TEP('WS DRILL HOLEI',#46,#5,#19);               ┌─────────────────┐
                                                                      │   Workingsteps   │
#13=MACHINING_WORKINGS TEP('WS REAM HOLEI',#46,#5,#20);                │（加工工步信息）  │
                                                                      └─────────────────┘
... ...

#16=PLANAR_FINISH_MILLING?($,$,'FINISH PLANAR FACEI',#25,10.00,$,#50#30,#35,#17,#18,2.500);
                                    ┌─────────────────────────┐
... ...                             │ 加工方法及相应的工艺信息 │
                                    └─────────────────────────┘
#30=MILLING_TECHNOLOGY(0.04,TCP,$,1.200,$,$,F,F,F);

... ...

#50=MILLING_CUT TING_TOOL('MILL 20MM',#53,(),(50.000),80.000,$,$);    ┌─────────────────┐
                                                                     │ 所采用的刀具信息 │
... ...                                                               └─────────────────┘

END SEC;

END-ISO-10303-21
```

(a) STEP-NC 数控代码文件

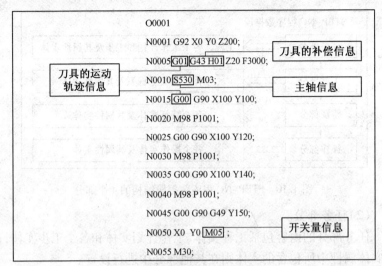

（b）传统的"G"代码程序

图 4.9　两种编程标准的对比

　　STEP-NC 实体范围很广,而且各个实体之间是层层嵌套的,因此 STEP-NC 程序描述起来比较复杂和困难。从如上给出的部分 STEP-NC 程序文件中可以看出:传统的 STEP-NC 程序对于数据段的各个实体按出现的顺序依次排列,而且各个实体的索引号也是按实体的顺序,由"1"开始顺序递增,以相应的整数来表示。这样的表示方法虽满足 STEP-NC 程序各实体间的逻辑性,但是可读性较差,条理性不强。本书根据 STEP-NC 程序的本质、各个实体所表达的内容以及各个实体之间的相互关系,将 STEP-NC 程序的数据段结构分为 4 个部分,即工件部分、任务部分、特征部分和操作部分。STEP-NC 程序数据段结构的 4 个部分,如图 4.10 所示。

　　（1）工件部分。

　　工件部分的内容主要包括工件的基本参数实体、相关的坐标系实体、以及二者属性中所包含的实体。其中,工件的基本参数包括工件的 ID、材料、特性、公差和箝位点等;相关的坐标系包括安装坐标系、工件坐标系以及整个安装中的安全面(安全面在 STEP-NC 的表达从本质上讲也是一个坐标系)。

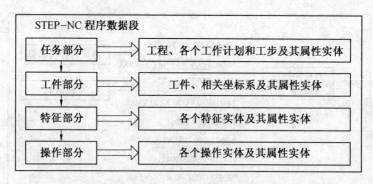

图 4.10　STEP-NC 程序数据段结构的 4 个部分

（2）任务部分。

任务部分的内容包括工程实体、工作计划实体和各个工步实体，而各实体属性中所包含的实体则在其他部分中进行设置。

（3）特征部分。

特征部分的内容包括各个特征实体及其实体属性中所包含的各个实体，包括 ID、所用操作、位置、深度和底部状态等。值得注意的是，特征属性中涉及到的工件属性在工件部分中设置，而操作属性则只设定操作行号，具体的属性则在操作部分中设置。

（4）操作部分。

操作部分的内容包括各个操作实体及其实体属性中所包含的各个实体，包括 ID、返回平面、开始点、刀具、工艺、机床功能、进退刀策略、加工策略、过切长度、切削深度和余量等。

这样一来，一个完整的 STEP-NC 程序的数据段就被分为 4 大部分，每部分的实体描述均按顺序依次排列，使得 STEP-NC 程序具有较强的条理性和可操作性。

4.2.4　STEP-NC 数控系统的类型

采用 STEP-NC 作为编程接口之后，数控系统的结构和功能都将发生很大的改变。从结构上来看，基于 STEP-NC 数控系统的 I/O 接口与伺服系统将保持不变，后置处理器消失；从系统功能来看，STEP-NC 数控系统会把 CAM 的一部分甚至全部的功能内嵌在其内部，随着数控系统读取信息量的大幅增加，其智能化程度将不断提高。

根据数控系统实现 STEP-NC 的不同程度,基于 STEP-NC 的数控系统可划分为三种类型:

①传统控制型;

②新控制型;

③智能控制型。

这三种 STEP-NC 数控系统结构框图,如图 4.11 所示。

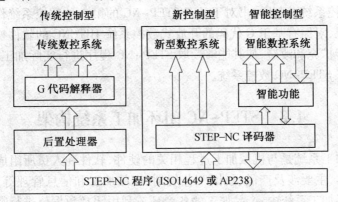

图 4.11　三种 STEP-NC 数控系统结构框图

第 1 种基于 STEP-NC 的数控系统需要后置处理,在实际加工之前需要通过内嵌的后置处理器将 STEP-NC 程序转化为 G 代码,再输入到传统的数控系统指示机床加工。嵌入插件程序后,将 STEP-NC 的数据结构转化成传统数控系统可识别的 G 代码数据结构,以后的工作就与未采用 STEP-NC 数据结构时一样。所以,这种数控系统被称为传统控制型,更加严格来讲,这种数控系统不能称为 STEP-NC 数控系统,因为它不能直接采用 STEP-NC 作为数控编程接口。世界上第一台符合 STEP-NC 标准的 2.5D 和 3D 加工数控原型系统就是采用传统的 CNC,CAM 和 STEP-NC 解释器的累加而成。

第 2 种数控系统自带一个 STEP-NC 译码器,能够直接读取 STEP-NC 数控程序。这种控制器可以按照获取的信息,自动生成刀具轨迹,驱动机床运动,按顺序执行数控程序中的加工工步,这种数控系统被称为新控制型。但这种数控系统除了可以生成刀具轨迹之外,没有任何其他的智能化功能。现在世界上开发的 STEP-NC 数控系统都属于这一类。

第 3 种是发展比较成熟之后的 STEP-NC 数控系统,是数控系统以后的发展目标。这一类的 STEP-NC 数控系统可以完成大多数的智能功能:自动识别特征、自动生成无碰撞的刀具轨迹、自动选择刀具、自动选择切削参数、检测机床状态和自动恢复以及反馈加工状态与结果。

国内对于 STEP-NC 数控系统的研究多是提出一些结构方案,仅限于理论研究。由于上述的第 1 种数控系统不能称为真正的 STEP-NC 数控系统,因此本书对于基于 STEP-NC 的第 2 种数控系统作为研究对象,对原有基于 G 代码的开放式数控系统 HITCNC 的软件控制系统进行扩充和改造,使其能够读取 STEP-NC 程序进行实际加工,从而建立了 STEP-NC 数控系统。

4.3　STEP-NC 闭环加工系统构架

加工系统是与机械加工过程相关的硬件、软件和人员所组成的统一整体,主要涉及产品设计、工艺规划、产品加工和信息管理等环节。在闭环加工系统中,产品加工的各个环节利用闭环数据流进行数据交互,通过对产品设计信息、工艺计划信息和加工过程信息的监测来控制整个加工过程。闭环加工的思想由控制理论引入,控制理论中的闭环系统只包括实时控制,而机械加工过程由多个子系统、设计人员、工艺人员、管理人员和操作人员共同协调完成,涉及到很多非实时的过程。在机械加工领域,闭环系统同时包括非实时控制,还有加工知识的整理与积累过程。闭环加工系统中的非实时任务有产品设计、工艺规划和信息管理,实时任务有加工设备的运动控制、状态监测和数据采集。在传统加工系统中,非实时任务与实时任务相互独立,整个产品加工过程的各个环节按照指定顺序执行。首先完成零件设计,然后对零件加工工艺过程进行规划,之后由加工车间的设备完成加工任务,最后检测零件并保存相关的数据。由于零件设计加工的各个环节之间缺乏交互协调机制,因此只有在加工结束之后才能分析加工过程信息并调整之后的加工流程。而闭环加工系统的各个加工环节是交互进行的,任何环节的输出信息都可以反馈到本环节或其他环节的输入信息流中,根据加工过程中出现的各种变化和问题,加工系统能够及时调整产品的设计、工艺、加工和检测,优化加工过程并保存加工知识信息。

数控加工是产品加工过程中的重要环节,直接决定了零件精度和质量,设计人员的设想只有经过加工车间才能转化为最终的产品。闭环加工系统的主要控制对象为产品加工过程,即加工过程控制。加工过程大部分属于在线和实时任务,对应的控制过程也应当是在线和实时的。从现有加工系统的架构上看,加工过程控制被归为工艺规划环节的任务,而工艺规划环节与数控加工环节之间仅通过单向的数据流传输信息。数控加工设备只作为加工任务的执行者,所处理的信息仅限于底层的运动控制代码和伺服系统的反馈信号。这一问题由两方面原因引起:

一是加工系统的各个环节所采用的数据传输标准不同,需要通过数据转换才能完成信息交互,在造成闭环数据流中的信息损失的同时,降低了产品加工信息传输的效率,无法达到闭环加工系统加工过程控制的需求。

二是数控系统的信息处理能力普遍不足,一般只能处理运动控制、数据采集和状态监控等任务,不能完整读取完成加工过程控制所需的高层信息。

为解决这两个问题,本书将数控加工和加工过程控制功能集成在同一环节中,建立了新型的闭环加工系统架构。在工艺规划、数控加工和加工过程控制之间建立闭环加工信息数据流,数控系统直接处理几何尺寸、工艺路线、检测信息、加工状态信息和智能控制任务等高层产品加工信息。以闭环加工系统的加工过程控制作为研究中心,首先分析加工过程控制对于加工系统功能和信息交互的需求,之后在此基础上建立闭环加工系统架构及高层产品加工信息交互机制,实现基于STEP-NC 的闭环加工系统加工过程控制。

4.3.1　闭环制造加工过程控制需求分析

1. 功能需求分析

闭环加工系统通过交换与分析完整的产品加工信息来控制产品加工过程,按照产品加工过程中的不同功能,可将闭环加工系统划分为四个子系统,如图 4.12 所示,包括设计子系统、工艺规划子系统、数控加工子系统和加工知识管理子系统。

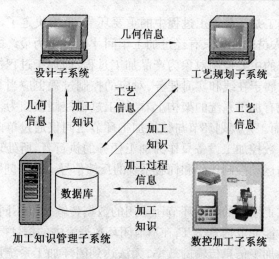

图 4.12　加工系统组成

　　设计子系统的功能是按照产品设计需求生成产品的外形、尺寸和公差要求等几何信息。工艺规划子系统的功能是读取设计子系统生成的产品设计数据,通过分析几何信息、拓扑信息和公差信息,识别需要加工的制造特征,确定所采用的加工方法、加工参数和工艺路线,最后生成工艺计划信息。数控加工子系统的功能是按照工艺计划的要求对产品进行加工,同时根据实际的加工过程状态来在线调整工艺计划或工艺参数,最后保存并输出加工过程信息。加工知识管理子系统的功能是收集整个产品加工过程中所产生的各类产品加工信息,并以加工知识的形式保存,在后续的产品加工过程中提供给其他子系统。

　　在现有的加工系统当中,设计子系统和工艺规划子系统一般建立在 CAD/CAM 平台上,利用其丰富的几何信息和工艺信息处理功能进行产品设计与工艺规划。数控加工子系统则建立在加工现场,包括CNC 系统、伺服驱动系统、机床、传感器和测量设备等,是产品加工任务的执行者。加工知识管理子系统在信息管理软件和数据库基础上建立,信息管理软件完成信息收集、分类和处理工作,数据库用于存储产品加工过程中收集到的各类信息和生成的加工知识。在采用此种结构的加工系统中,数控加工子系统所获取的只有底层的运动控制与开关量等信息,只能按照输入信息执行加工、检测和监测任务,不能直接利用高层信息完成加工过程控制,而是由其他子系统离线分析产品加工过程中的各种信息,并调整后续加工任务的工艺路线与参数。综上,建立闭环加工系统并实现加工过程控制的前提是在数控加工子系统中建立完善的高层信息处理机制,使得加工系统能够在加工进行过程中在线或实时分析各种加工过程信息,并通过调整工艺计划或工艺参数来控制加工结果。

2. 信息交互需求分析

产品加工信息交互是闭环加工系统的重要环节之一,尤其是对于加工过程控制这类需要大量信息交换和处理的功能活动。信息交互不仅仅是简单的数据传输,同时也包括信息处理系统和任务执行系统的协调与管理。在加工系统中,各个环节之间所传输和处理的信息主要有四类:

(1)产品设计信息。

产品设计信息包括产品及其零件的外观、尺寸和功能参数的描述,对于机械加工来说,主要包括零件的形状、材料、尺寸、尺寸公差、形位公差、热处理要求和装配要求等信息的设计。

(2)工艺计划信息。

工艺计划信息不仅包括加工工艺,同时还包括检测工艺。应当把加工工步与检测工步进行统一排序,实现加工与检测的集成,并通过关键位置的检测实现对加工过程的控制。工艺计划信息主要包括制造特征、工作计划、机械加工工步、加工操作、加工策略、加工技术参数、加工设备描述、检测特征、检测工步、检测操作、检测策略和检测设备描述等。

(3)加工过程状态信息。

加工过程状态信息反映工步执行时的加工状态信息,一般是在加工过程中实时采集的状态参数,例如切削力、加速度和切削区域温度等。理想情况下,这些信息都应当首先反馈给数控系统进行分析,并通过实时工艺参数调整对加工状态进行修正,以达到对加工过程的实时控制。

(4)检测信息。

检测信息除了在线加工过程状态监测之外,零件加工结束后也要对关键参数进行检测,例如尺寸精度、形位精度和表面质量等。这些信息可以用于判断零件是否符合设计需求,同时也用于分析加工过程状态对加工结果的影响,通过对加工技术参数、过程状态参数和检测结果信息交互关系的分析,建立并完善加工知识数据库,为后续的加工过程提供指导。

以上四类信息不是孤立的,而是存在相互间的关联。产品设计信息是制定工艺计划的主要依据,而之前加工过程中所积累的加工过程状态信息与检测信息也是选择工艺参数的重要参考。不同的工艺参数组合会产生不同的加工过程状态,通过建立工艺参数与加工过程状态之间的关系模型,可以用于优化工艺参数。在加工进行过程中,加工过程状态信息是实时调整工艺参数的依据,通过自适应控制算法的分析,实时计算出指定优化目标及约束条件下的最优工艺参数。产品的几何与公差信息则是判断检测信息是否合格的依据,通过对比检测结果与产品设计信息,判断加工后的制造特征是否符合设计要求,并对不符合设计要求的零件进行处理。综上,在实施加工过程控制时,只有建立以上四类信息的相互联系,统一进行分析和处理,才能准确获得加工过程的执行情况。需要在加工系统中建立一个集成全部产品加工信息的闭环数据流,保证各个环节之间的有效数据交互。

4.3.2 基于 STEP-NC 的闭环加工系统架构功能模型

1.基于 STEP-NC 的闭环加工系统架构

加工系统的加工过程控制主要在工艺规划阶段或零件加工阶段完成,前者以离线方式进行加工过程控制,后者以在线或实时方式进行加工过程控制。加工过程控制器 MPC(Machining Process Controller)一般集成于工艺规划子系统或数控加工子系统之中,以独立系统或集成软件模块的形式存在。按照加工过程控制器与系统的集成方式,可将其分为三类:

(1)高层加工过程控制器。

高层加工过程控制器集成在工艺规划子系统当中,用于分析和处理从加工车间收集到的各类加工过程状态信息。采用此方案,可以用单独的计算机来实现加工过程控制器,或者将其集成于工艺规划子系统的 CAD/CAM 系统平台上。高层加工过程控制器一般具备比较强大的数据处理能力,便于实现测量数据拟合、信号时域与频域分析和运动学与动力学分析等复杂运算。而数控加工子系统只负责执行加工、数据采集和检测等底层任务。此方案对数控系统计算能力的需求较小，因而适用于传统架构的加工系统。但是，工艺规划子系统与数控加工子系统之间的数据交换一般采用中间文件的方式进行，而且无法在加工任务执行过程中对其进行有效干预和调整，只能采用离线方式进行加工过程控制。

（2）外置加工过程控制器。

将加工过程控制器设置在加工现场，并通过数据采集装置与检测设备和传感器连接。检测设备和传感器所采集的数据首先输入加工过程控制器，之后经过加工过程控制算法的分析，判断当前的加工状态，然后计算出加工参数的调整量或修改其他加工功能。加工过程控制器通过模拟信号、数字信号或专用的工业控制总线与加工设备通信，将加工过程的调整信息输入数控系统，由数控系统执行。采用这种实现方式，加工过程控制器与数控系统等执行设备直接通信，能够在加工任务执行过程中对加工过程进行修正。由于加工过程控制器与数控系统分属于两个独立的系统，受到通信接口的限制，会造成信息交互的滞后性和局限性。同时，两个系统在不同的时钟周期下运行，难以进行统一协调和管理，影响了加工过程控制的实时性。

（3）集成加工过程控制器。

在数控加工子系统中开发加工过程控制器，将加工过程控制功能与运动控制功能集成在智能型 CNC 系统上，由统一的调度系统管理加工和优化任务的执行，保证加工状态需要优化时加工过程控制器能够及时获得加工过程状态变化并做出调整。CNC 系统除执行原有的运动控制、状态监测和数据采集等底层实时任务之外，还需要执行加工过程状态信息分析与工艺优化等基于高层信息的任务，对 CNC 系统的数据处理能力提出了更高的要求。

三类加工过程控制器集成方式的特点见表4.2。高层加工过程控制器在工艺规划阶段根据以往积累的加工经验来优化工艺参数，只用于离线方式的加工过程控制。外置加工过程控制器可以实现在线检测及加工过程控制，但是无法保证加工过程控制器与数控系统之间的实时协调与运行。只有集成加工过程控制器的实现方式，才能满足以实时方式进行加工过程控制的要求。

表 4.2　加工过程控制器集成方式的特点

	高层加工过程 控制器	外置加工过程 控制器	集成加工过程 控制器
控制器位置	工艺规划阶段	数控加工阶段	数控加工阶段
集成方式	外部	外部	内部
数据转换	需要	需要	不需要
控制方式	离线	在线	实时

　　本书提出一种基于集成加工过程控制器实现方式的 STEP-NC 闭环加工系统架构,如图 4.13 所示。系统架构包括三个环节:设计与工艺规划、数控加工与加工过程控制和加工知识管理。设计与工艺规划环节包含了加工系统的设计子系统和工艺规划子系统的功能,由于两者之间的联系比较紧密,并且可以在类似的软硬件平台上实现,因此将两个子系统集成在一个环节当中。加工知识管理环节的实现平台一般由计算机、存储设备和数据库管理系统组成,用于保存和管理产品加工过程中所产生的全部信息。

　　在闭环加工系统中,采用 STEP-NC 标准的信息模型描述产品加工过程中的所有高层信息,并在各个环节之间进行交互,建立基于 STEP-NC 标准的闭环数据流。当产品加工信息在加工过程中被修改时,各个环节可以通过闭环数据流获得最新的产品加工信息,并对产品加工过程进行调整和优化。本书的主要研究对象为闭环加工系统的加工过程控制,一般在加工进行过程中完成,所以将加工过程控制与数控加工作为一个环节。在此环节中建立了一个开放式 STEP-NC 数控系统,通过 STEP-NC 文件与加工系统的其他环节进行高层产品信息交互。STEP-NC 文件中包含了制造特征参数、加工任务、在线检测及加工过程控制任务和实时加工过程控制任务,并且全部采用面向对象的方式来描述,不包含底层的运动控制指令。数控系统需要完成 STEP-NC 文件解释、任务执行、运动控制、数据采集、在线检测、实时监测和加工过程控制等任务,并通过硬件数据接口与机床、测头和传感器等外部设备通信。由于现有的绝大多数数控系统都只能完成底层的运动控制功能,因此建立一个能够完整读取和利用高层产品加工信息,同时具备在线检测、实时监测和加工过程控制功能的 STEP-NC 数控系统,是实现闭环加工系统加工过程控制的关键,也是实现加工系统信息流闭环的重要环节。

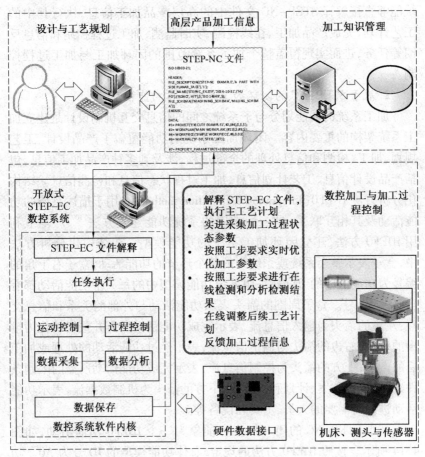

图 4.13　基于 STEP-NC 的闭环加工系统构架

　　本书采用软件内核的方式实现 STEP-NC 数控系统的功能,所建立的开放式 STEP-NC 数控系统能够直接读取和解释 STEP-NC 文件,通过分析零件几何尺寸、制造特征、工艺计划和加工工步等产品加工过程中的高层信息,完成在线生成刀具轨迹、在线检测结果分析、工艺计划调整和实时智能控制等功能活动。在加工过程中,数控系统会实时采集加工过程状态信息和保存在线检测结果,加工结束之后,将所采集的信息与 STEP-NC 文件中的加工工步和制造特征等高层产品加工信息相互关联,通过输出 STEP-NC 文件将这些信息反馈给加工系统的其他环节。综上,在本书所建立的闭环加工系统架构中,数控加工子系统能够直接解释 STEP-NC 文件中的高层产品加工信息,执行其中的工艺计划,完成产品加工、在线检测、实时监测、加工过程控制和信息反馈等任务,进而实现覆盖整个加工系统范围的闭环加工与加工过程控制。

2. 基于 STEP-NC 的闭环加工系统总体功能模型

加工系统的功能划分与子系统之间的信息交互机制设计是建立加工系统架构的重要内容。闭环加工系统的功能覆盖了产品设计、工艺规划、加工、检测和信息处理的全部过程,涉及到多种产品加工信息,包括产品设计信息、工艺计划信息、加工过程状态信息和检测信息。结构化分析方法 IDEF0(Integration DEFinition method 0)用于描述系统的功能活动及其相互联系,是一种常用的系统功能建模方法[109]。本节利用 IDEF0 方法,建立闭环加工系统的功能模型。在结构化分析方法中,盒子表示整个系统或系统中的某个环节的功能活动,盒子右下角的编号为功能活动的 ID 号,一组系统功能模型中的每一个功能活动都有自己的 ID 号。盒子周围的箭头表示功能活动与外部的关系和信息交互:左边的箭头为输入信息流,表示完成功能活动所需并最终转化为输出的资源;右边的箭头为输出信息流,表示经过功能活动的处理或加工后的产出;上方的箭头为控制信息流,表示完成功能活动所需的限制条件,例如设计方案、计划和标准等;下方的箭头为机制数据流,表示功能活动进行时需要的人员、工具和设备等。

基于 STEP-NC 的闭环加工可抽象为一个 IDEF0 功能活动,如图4.14 所示。按照 IDEF0 方法的规定,总体功能模型的 ID 号为 A0。功能活动的输入为毛坯,输出为零件和新加工知识。功能活动所输出的新加工知识是在本次加工过程当中所产生的,没有对应的输入数据流。而作为功能活动控制流的加工知识是在以往产品加工过程中所积累,只作为产品设计、工艺规划和产品加工等环节的参考,并没有直接转化为输出。

功能活动 A0 可进一步划分为四个子功能活动,如图 4.15 所示。基于 STEP-NC 的闭环加工子功能活动的 ID 号为 A1～A4,分别对应闭环加工系统的四个子系统。

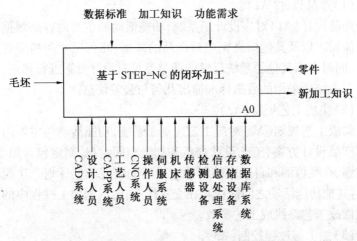

图 4.14　基于 STEP-NC 的闭环加工总体功能模型

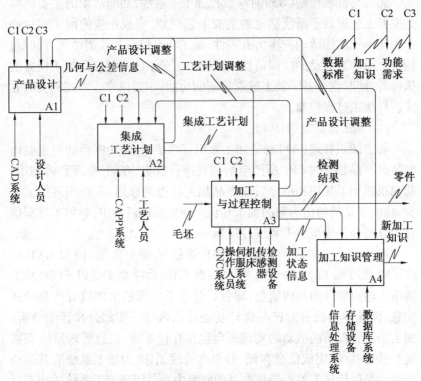

图 4.15　闭环加工系统功能模型

（1）产品设计（A1）。

产品设计（A1）对应设计子系统,功能活动的主要内容是根据产品的功能需求以及其他信息完成对产品的外形、几何尺寸和精度等进行设计,同时根据其他子系统反馈的调整意见对设计方案进行修正,最后按加工系统所采用的数据标准输出几何与公差信息。

（2）集成工艺规划（A2）。

集成工艺规划（A2）对应工艺规划子系统,功能活动的主要内容是根据产品设计方案、工艺设计规范和加工车间情况,制定包含加工、状态监测、在线检测和自适应控制功能描述的集成工艺计划。功能活动A2 与其他功能活动之间同样存在交互作用,会根据加工过程中的实际情况修改工艺路线或工艺参数。

（3）加工与过程控制（A3）。

加工与过程控制（A3）对应数控加工子系统,功能活动的主要内容是根据工艺规划子系统制定的集成工艺规划,完成相应的加工和过程控制任务。功能活动的输出有零件、加工状态信息和检测结果,同时包括向之前功能活动的反馈信息。数控加工子系统不仅仅是加工任务的执行者,同时也具备了加工过程控制的功能,主要以在线方式和实时方式进行加工过程控制。

（4）加工知识管理（A4）。

加工知识管理（A4）对应加工知识管理子系统,功能活动的主要内容是对产品加工过程中所产生的信息进行收集、存储、推理和再利用,起到积累加工知识和指导后续产品加工过程的作用,不断积累加工经验,功能活动的输出为新的加工知识。在此功能活动中,对加工过程信息的分析和处理都属于离线过程。

产品设计功能活动一般在 CAD 系统基础上实现,例如 CATIA、UG/NX 和 Pro/Engineer 等。绝大多数 CAD 软件都支持以 STEP 标准的格式输出零件的几何信息,而且设计子系统所输出的只有产品设计信息,因此本书没有对产品设计功能活动做进一步划分和详细分析。加工知识管理功能活动的实现平台包括存储系统、信息管理系统和数据库管理系统,完成信息存储、分析和管理工作,为加工系统的其他功能活动提供信息上的支持。本书的研究中心是闭环加工系统的加工过程控制实现,而加工知识管理功能活动中的信息分析与处理过程一般是离线进行的,因此没有对这部分内容作详细探讨。集成工艺规划和加工与过程控制,是实现闭环加工系统加工过程控制的重要功能活动,工艺规划子系统是加工过程控制信息的生成者,而数控加工子系统是集成工艺计划的执行者。本书将对功能活动 A2 与 A3 做进一步划分,并分析其功能活动和数据流。

3. 基于 STEP-NC 的集成工艺规划功能模型

集成工艺规划与传统工艺规划的最大区别在于输出信息。在传统工艺规划中,一般根据工艺计划的流程,通过后置处理模块输出 CNC 系统或检测设备可识别的运动控制指令。而集成工艺规划以面向对象的方式描述加工计划、工作计划、工步、制造特征和操作技术等高层信息,同时将检测、监测和智能控制等信息与工步和制造特征相关联,最后以集成工艺计划的形式输出。工艺规划子系统通常在 CAD/CAM 软件平台基础上建立,利用 CAD/CAM 软件平台提供的二次开发工具,编写与工艺规划相关的软件模块。充分利用 CAD/CAM 的图形显示功能和几何计算功能,方便制造特征识别和工艺参数设置。如图 4.16 所示,本书按照基于 STEP-NC 集成工艺规划的需求,将功能活动 A2 进一步划分为四个功能活动。

(1)识别制造特征(A21)。

产品的几何与公差信息描述了产品的外观和尺寸等参数,而本功能活动的主要任务是从产品的几何信息中提取出需要加工的部分,并以 STEP-NC 标准中的制造特征表示。由于零件的种类、形状、尺寸和公差要求存在很多变化,一般采用人机交互的模式进行,由工艺人员选取制造特征,CAD/CAM 平台进行几何数据的运算,以确定制造特征的位置、尺寸和加工余量等信息。

(2)生成操作方法(A22)。

生成操作方法(A22)是集成工艺规划的核心,主要任务是为每一个制造特征选取相应的产品制造功能,包括加工功能、监测功能、检测功能和智能控制方法。在传统加工系统中,加工工艺规划与其他工艺规划是分开进行的,大多数情况下都是在加工任务完全结束之后再进行检测和数据分析任务。而集成工艺规划将制造特征所对应的全部产品制造功能集成在一起,为实现闭环加工系统的加工过程控制提供了完整信息支持。

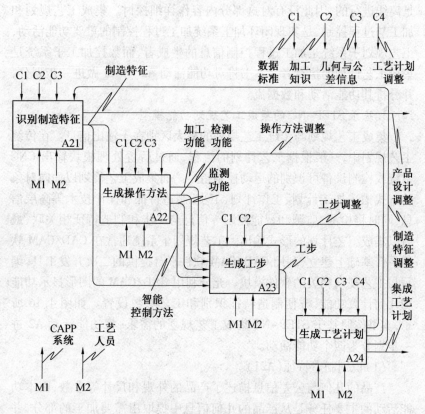

图 4.16　集成工艺规划功能模型

（3）生成工步（A23）。

生成工步（A23）是 STEP-NC 工作计划的基本单元，本功能活动的主要任务是将制造特征与其对应的产品制造功能相互关联，以工步的形式生成工艺计划的一个节点。在工步中包含了制造特征所对应的加工方法、检测任务、实时监测功能，以及智能控制方法等内容。

（4）生成工艺计划（A24）。

生成工艺计划（A24）的主要任务是将一个零件所对应的全部工步按照一定的顺序排列，生成主工作计划。之后将工作计划与其他相关信息按照 STEP-NC 标准的形式组合成完整的 STEP-NC 工程，最后以指定实现方法输出，例如编译为交换文件。

4. 基于 STEP-NC 的加工与过程控制功能模型

为了实现闭环加工系统的加工过程控制,加工系统的数控加工子系统除了需要完成加工任务之外,还需要具备实时监测、在线检测、数据分析和实时自适应控制的功能。数控加工子系统的输入信息为集成工艺计划,其中包含了关于产品加工与过程控制的高层信息,而没有底层的运动控制信息,传统 CNC 系统无法实现相应的功能。实现本功能活动的功能,需要建立一个能够直接读取和解释 STEP-NC 高层信息文件的智能型 CNC 平台。加工与过程控制功能活动的功能如图 4.17 所示,其功能可划分为四个功能活动。

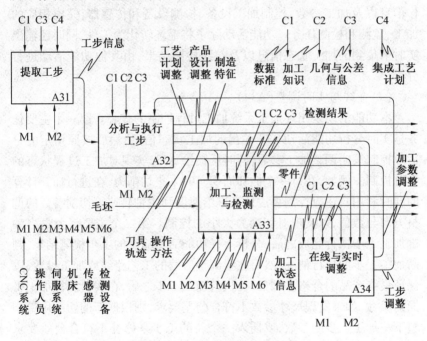

图 4.17　加工与过程控制功能模型

(1) 提取工步(A31)。

在 STEP-NC 文件中,主工作计划是描述加工与过程控制任务的根节点,其中的工步列表包含了具体的信息。本功能活动的任务是从 STEP-NC 树形结构中搜索主工艺计划,然后从中提取工步信息,以工步队列的形式发送给下一功能活动。

（2）分析与执行工步（A32）。

由于 STEP-NC 工步中一般不包含具体的刀具轨迹信息，需要数控系统根据工步信息在线生成刀具轨迹。本功能活动的主要任务是按照工步队列的顺序依次提取工步中的制造特征信息和操作信息，然后生成刀具轨迹或测头运动轨迹，与对应的加工参数一起输出给后续的功能活动。同时，功能活动会根据加工环境的实际情况修改工艺计划或产品设计方案，并反馈给外部的相关功能活动。

（3）加工、监测与检测（A33）。

本功能活动的主要内容是读取上一功能活动输出的刀具轨迹、操作信息以及加工参数，控制加工设备、检测设备和传感器，完成相应的加工、监测和检测任务。功能活动除了将毛坯转化为工件，同时还输出实时采集到的加工状态信息以及在线检测结果，由其他功能活动进行分析。

（4）在线与实时调整（A34）。

本功能活动是闭环加工系统加工过程控制的核心。第一个主要任务是实时分析功能活动 A33 输出的加工状态信息，然后按照指定的自适应控制策略调整加工参数，同时反馈给 A33，实现对加工过程状态的实时控制。例如，在每一个插补周期实时采集切削力，在进行插补计算的同时利用自适应控制算法计算进给速度和主轴转速等切削参数的调整方向与数值，以实现对切削力大小的控制。第二个主要任务是当关键加工工步执行完成之后，分析上一功能活动输出的工步检测结果，判断加工工步的执行情况，然后在线调整后续的工艺路线或加工参数，以保证最终产品的合格。例如，在执行加工工步之后，在线检测被加工平面的尺寸，如果发现尺寸参数不符合公差要求，则根据新的切削用量调整下一加工工步的参数，或插入一个新的工步来修补不符合公差要求的区域。

4.4　开放式 STEP-NC 数控系统软件内核设计与开发

STEP-NC 数控系统的主要功能是读取和解释 STEP-NC 文件中的高层产品加工信息，完成加工过程控制任务，并通过 STEP-NC 文件保存和反馈加工过程状态信息与检测结果。而现有的 STEP-NC 数控系统大多数采用外置 STEP-NC 解释模块实现文件解释功能,然后将运动控制指令传输到数控系统内核中执行。虽然消除了工艺规划环节与数控加工环节之间存在的后置处理过程,但是数控系统只能严格按照 STEP-NC 工艺计划执行加工任务,尚不具备在执行运动控制指令时进行加工过程控制的功能。而将 STEP-NC 解释功能集成在数控系统软件内核中,通过定时器的方式不断在软件内核的各个模块之间传输高层产品加工信息。数控系统提取 STEP-NC 文件中的高层信息,在线生成刀具轨迹时,并监测加工设备的状态,根据加工现场的情况对其中保存的工艺流程、工艺参数和走刀策略等数据进行修正和优化。在执行加工任务的同时,数控系统通过硬件接口与传感器和测量设备等进行交互,在线或实时优化加工过程。最后,将所采集的加工过程信息以及修改后的工艺信息,通过 STEP-NC 文件反馈给上游环节。具有在线 STEP-NC 文件解释功能的数控系统连接了高层子系统和底层的物理设备,以 STEP-NC 数据标准与加工系统中的其他子系统进行交互,完全发挥了闭环加工系统的特点和优势,是 STEP-NC 数控系统的理想结构。

4.4.1　软件内核结构设计及信息交互实现

为了满足在线 STEP-NC 文件解释和闭环加工系统加工过程控制的需求,本书提出一种基于开放式架构的 STEP-NC 数控系统,该系统能够直接读取、解析和提取 STEP-NC 中的高层信息,在线生成刀具轨迹,并能在加工过程中实时监测加工状态,通过对加工过程状态信息和检测结果信息的分析进行加工过程控制。哈尔滨工业大学建立了基于 OMAC(Open Module Architecture Controllers)结构的开放式软数控系统。该数控系统采用软件模块作为功能单元,能够完成 G 代码解释、手动运行、自动运行、直线插补、圆弧插补、NURBS 插补和软 PLC 等功能,采用 C++语言作为开发工具,运行于 Windows 环境下。由于 Windows 定时器无法满足插补运算和运动控制等数控系统的核心功能,因此利用 RTX 技术在 Windows 系统上增加一个实时扩展子系统 RTSS。在 RTSS 中运行的所有线程的优先级都高于 Windows 中的线程,并通过实时 HAL 实现高分辨率的时钟与定时器,保证实时线程的最差响应时间为 $50\mu s$,因此能够满足插补运算和运动控制的要求。本书建立了开放式 STEP-NC 数控系统的软件内核,采用模块化的设计方法,按照功能将系统划分为不同的功能模块,用于实现 STEP-NC 数控系统的核心功能。

软件内核由 6 个软件模块构成:人机界面模块、STEP-NC 解释模块、任务生成模块、系统协调模块、插补计算模块和设备通信模块,各个模块之间通过应用程序接口和共享内存进行数据交互。在软件模块的开发过程中,按照在线 STEP-NC 文件解释和加工过程控制的需求,利用 C++语言编写了 STEP-NC 解释和加工过程控制功能的程序源代码,建立了适用于闭环加工的开放式 STEP-NC 数控系统软件内核模块。在插补计算与运动控制方面,STEP-NC 数控系统的实现方法与现有数控系统相同,其控制精度由软件插补周期、驱动器、电机、位置检测装置和机床本体决定。如果采用相同的计算机、伺服驱动系统和机床,则 STEP-NC 数控系统的控制精度与现有数控系统相同。

数控系统与外界之间建立了两个数据交互通道,一是以 STEP-NC 物理文件的方式与工艺规划子系统交换高层产品加工信息,二是利用工业控制总线与伺服系统、传感器和测头交换底层的数字或模拟信号。本书所建立的开放式 STEP-NC 数控系统软件内核可在不同的 C++程序开发环境下运行,可以根据需要进行移植、修改和扩充。按照 STEP-NC 数控系统功能的实时性,将软件内核的功能模块分别设置在非实时和实时两个系统空间,前者用于处理界面显示、文件解释和任务生成等没有严格运行周期要求的任务,在普通定时器管理下运行;而后者用于处理系统协调和插补计算等强实时任务,需要在实时定时器的管理下运行。

本书采用共享内存技术建立了开放式 STEP-NC 数控系统内部的数据交互机制,并利用高速定时器与优先级管理机制来保证实时空间模块读写共享内存过程的实时性,实现软件内核功能模块之间的实时数据交互,满足闭环加工系统加工过程控制的需求。数控系统软件内核的共享内存被划分成 4 个区域:

1. 任务队列

STEP-NC 文件中不包含刀具轨迹,需要由 STEP-NC 解释模块在线生成并传输到实时空间执行。本书以任务段的方式来实现刀具轨迹的表达和传输,采用面向对象的方式为不同的类型的刀具轨迹或机床功能构建任务段,包括主轴旋转、直线进给、圆弧进给、暂停、检测运动和自适应进给等。共享内存中的任务段部分采用先入先出的工作模式,由任务生成模块写入,系统协调模块取出并执行。

2. 开关量

在数控系统运行时,需要处理各种开关量,包括主轴状态、按钮状态、倍率、限位和旋钮位置等。当操作者从人机界面输入开关量指令时,需要将指令信息传递给系统协调模块执行;而数控系统硬件设备的开关量状态由系统协调模块读取,最后在人机界面中显示。开关状态信息可以通过共享内存来交换,数控系统启动时,在共享内存中划分一部分空间,为不同的开关量指定地址,之后实时空间和非实时空间的相关线程定时检查地址状态,实现手动指令传输和设备状态反馈。

3. 实时状态信息

实时状态信息主要描述加工过程中设备的运行状态,包括主轴转速、进给轴速度、切削力和加速度等。系统协调模块实时采集加工状态信息,并写入共享内存。人机界面从共享内存中读取实时状态信息,用于界面显示。STEP-NC 解释模块则将实时状态信息与工步和制造特征等实体关联,以 STEP-NC 文件的形式输出给闭环加工系统的其他子系统。

4. 检测结果

检测结果信息是测头触发时所记录的机床坐标系坐标,由系统协调模块获取并写入共享内存。STEP-NC 解释模块从共享内存中读取检测结果,经过坐标变换,将其转换到对应的特征坐标系中,并与制造特征和工步相关联。同时,STEP-NC 模块还根据检测结果在线调整后续工步的工艺参数,最后以 STEP-NC 文件的形式保存检测结果。

4.4.2　软件内核功能模块设计

根据功能类型的不同,本书分别采用可执行程序和动态链接库的方式来封装开放式 STEP-NC 数控系统的各个软件模块,设计和实现各个模块的结构与运行原理。将人机界面模块和系统协调模块封装为可执行程序,其他 4 个模块封装为动态链接库。在启动 STEP-NC 数控系统时,首先打开人机界面模块的显示与控制进程和系统协调模块的系统协调进程,然后由这两个进程初始化系统环境,并分别创建用于完成不同数控功能的线程。之后系统的两个主进程在软件内核的后台支撑整个系统的运行,并根据数控系统的工作状态激活相应的线程。而其他 4 个模块所对应的动态链接库在系统运行的大多数时间内处于非激活状态,系统的主进程在启动时会获得动态链接库的应用程序接口指针,当需要相应功能时通过指针调用动态链接库的方法。

1. 人机界面模块

人机界面是系统的主进程之一,运行于数控系统软件内核的非实时空间,主要功能是输入输出 STEP-NC 文件、接受用户指令和图像与数据显示。本书以窗口和对话框的形式来实现数控系统的软件界面,包括一个主窗口和一个 STEP-NC 解释对话框。在主窗口上设置了按钮、文本框、选项卡和调整块等控件,作为用户输入操作指令的媒介。人机界面是数控系统与加工系统其他子系统进行高层产品数据交互的通道,同时也是数控系统启动的入口进程,负责完成非实时空间的初始化工作,并启动相关功能的线程。人机界面模块由 4 个子模块组成:

(1)指令输入子模块。

指令输入子模块是监控人机界面模块窗口上的按钮和其他输入控件。当操作者进行操作时打开相应的功能线程或对话框,如果操作者按下手动控制按钮,则通过共享内存向系统协调模块发送指令,控制机床完成进给运动、主轴旋转或开启机床上的辅助设备,包括照明、冷却和润滑等。

(2)文件输入输出子模块。

文件输入输出子模块用于打开或保存 STEP-NC 文件的前台界面程序。操作者通过界面对 STEP-NC 的读写进行管理,可利用此模块提供的人机接口选择要打开的文件、设置保存路径、检查文件内容、修改实体信息,以及查看文件解释过程中出现的错误。而实际的信息处理过程由后台的相关模块来完成。

(3)界面显示子模块。

界面显示子模块是通过窗口或对话框上的控件显示 STEP-NC 文件解释与执行过程中的各类信息。供操作者查看加工任务执行状态,所显示的信息包括刀具坐标位置、进给速度、主轴转速、倍率和开关状态等。一般情况下,需要建立一个定时器线程,用于实时更新窗口显示控件的数值或状态。

（4）信息交换子模块。

信息交换子模块与数控系统软件内核的其他模块进行数据交换，主要是在非实时空间与实时空间之间进行。实时空间的功能模块将进给速度、主轴转速、实时加工过程状态信息、检测结果、驱动器状态和IO 接口状态等信息写入共享内存，人机界面模块读取相关信息，用于界面显示和文件输出。

2. 系统协调模块

本书以实时可执行程序的方式建立了系统协调模块，作为开放式STEP-NC 数控系统内核实时空间的主进程，负责管理数控系统软件内核的运行。采用多线程技术，在系统协调模块内部建立多个实时线程，用于实现运动控制、PLC 控制、数据采集和状态监测等功能。各个线程在统一的时钟周期下运行，通过互斥对象和事件等线程同步机制对线程进行协调和管理。本书采用层级式有限状态机技术管理系统协调模块的运行，将数控系统的运行分为有限种状态，包括空闲、自动、手动、循环、暂停和紧急停止，系统根据输入的指令和信息在不同的状态之间切换。当指定事件发生时，数控系统会通过对应的动作来响应，完成对应的产品加工任务。系统协调模块通过共享内存与非实时空间的功能模块进行数据交换，包括读取任务队列，交换开关量状态信息，以及输出加工过程状态信息和检测结果等。数控系统启动时即加载系统协调模块主进程，完成系统环境初始化、打开共享内存、动态链接库和进程间通信通道，设置数控系统内核实时空间的运行时钟周期，启动数控系统实时功能模块对应的线程。系统协调模块在后台支撑着整个数控系统的运行，并协调各个模块间的交互。系统协调模块由 6 个子模块组成，每个子模块都对应一个实时线程。

（1）自动运行子模块。

当系统处于自动运行状态时，自动运行模块线程按照先入先出的顺序依次提取任务队列中的任务段。根据任务段的种类调用相应的插补运算功能，之后通过设备通信模块向伺服系统发送指令，驱动设备运动。

（2）手动运行子模块。

手动运行模块线程以固定的周期扫描共享内存中的对应开关量数据，以执行人机界面输入的手动运行指令，包括手动进给和手轮指令。

（3）信息交换子模块。

信息交换模块线程以固定的周期读取和写入共享内存中的相关数据，与人机界面的信息交换模块进行数据交互，实现非实时空间与实时空间的协调运行。

（4）管理子模块 PLC。

管理模块线程负责处理开关量的控制任务，包括主轴旋转、主轴停止、转速切换、倍率切换、刀具切换、暂停和恢复等，同时读取机床上的输入输出信号。

（5）数据采集子模块。

数据采集模块线程的功能是采集实时加工状态信息，按照预定的采集频率读取设备通信模块的响应通道，将所得到的数据记录在变量或临时文件中，之后由其他线程和模块来处理。

（6）状态监测子模块。

状态监测模块的功能是实时监控测头的状态，当测头触发时记录当前的机床坐标系位置，并将其保存在变量或临时文件中，之后由其他线程和模块来处理。

3. STEP-NC 解释模块

本书采用组件技术建立的 STEP-NC 解释模块，主要功能是解释 STEP-NC 文件、生成刀具轨迹和根据检测结果进行加工过程控制。该模块是实现在线解释 STEP-NC 文件和在线检测与加工过程控制的关键。将 STEP-NC 解释模块的功能抽象为应用程序接口及其方法，采用 C++语言开发并实现了接口方法的功能，然后封装为动态链接库，以服务器的形式存在于数控系统软件内核的非实时空间。当数控系统解释 STEP-NC 文件时，由人机界面调用此模块的功能，实现 STEP-NC 信息处理功能。按照 STEP-NC 解释及在线检测及加工过程控制的功能，可将 STEP-NC 解释模块分为 5 个子模块：

（1）文件解析子模块。

文件解析模块的主要功能是根据 STEP-NC 文件中包含的实体，在数控系统软件内核中建立对应的树形结构。本书以面向对象的方式，将 STEP-NC 标准中的实体映射为 C++语言中的类，实现对 STEP-NC 文件的读取和解析。

（2）错误检查子模块。

错误检查子模块是用于检查文件解释过程中的错误，包括文件中存在的语法错误、参数错误和加工方法错误等。本书在 STEP-NC 解释器中定义了一组宏和与之对应的字符串数组,当 STEP-NC 文件解释过程出错时,通过宏编号获得数组中的字符串,并返回给客户端模块。

(3)坐标变换子模块。

在 STEP-NC 标准中定义了多级坐标系,包括机床坐标系、装夹坐标系、工件坐标系和特征坐标系。坐标变换模块的功能是在解释 STEP-NC 文件时提取其中的坐标系信息,以坐标变换矩阵的形式保存在临时变量中,之后将刀具轨迹和检测点等坐标信息在不同坐标系间转换。

(4)刀具轨迹生成子模块。

刀具轨迹生成模块的功能是为制造特征生成对应的刀具轨迹,并调用任务生成模块接口方法传送到任务队列中。在 STEP-NC 解释模块中,为每一类机械加工工步定义对应的刀具轨迹生成函数和测头运动轨迹生成函数。当执行工步列表时,解释器会调用相应的函数在线生成刀具轨迹。

(5)检测信息处理子模块。

在本书构建的开放式 STEP-NC 数控系统中,集成了在线检测及加工过程控制功能,主要应用环境是基于在线检测的加工过程控制。本模块的主要功能是读取共享内存中的检测信息,通过调用坐标变换模块将其转换到特种坐标系中,然后与特征的参数进行对比,以确定当前工步的执行结果是否满足预期要求。如果不满足,则通过调整后续工步的参数或加入修补工步来控制最终的加工结果。

4. 任务生成模块

STEP-NC 文件解释的重要环节是在线生成刀具轨迹,本书采用应用程序接口的方式建立了任务生成模块,并用 C++ 语言开发了模块的具体功能,最后封装为动态链接库,以服务器的形式存在于数控系统软件内核的非实时空间。STEP-NC 解释模块作为客户端,当刀具轨迹生成子模块运行时,会调用此模块的功能,将刀具轨迹传输到共享内存中。本书采用任务段 C++ 结构体的形式表达和传输刀具轨迹,任务生成模块根据刀具轨迹生成对应的任务段,并传送至共享内存的任务列表中。任务生成模块包括 4 个子模块:

(1)加工环境设置子模块。

加工环境设置子模块用于设置基本的任务生成环境,包括机床坐标系、编程坐标系、工作平面、进给模式、开关状态、坐标位置和速度信息等,任务生成环境的状态由一组变量保存。

(2)任务段生成子模块。

任务段生成子模块中对于每一类进给运动都对应一个任务段生成函数。当客户端模块调用相应接口(即函数)时,根据传入的参数,以类实例的方式生成一个任务段变量。

(3)速度规划子模块。

客户端调用任务生成模块接口时只是传入了各个任务段的参数,速度规划模块会根据相邻两个任务段的速度信息和进给模式处理过渡时的变速策略,包括精确停止模式、精确路径模式和连续过渡模式。

(4)任务传送子模块。

任务传送子模块的功能是通过共享内存技术和线程同步机制与系统协调模块的相关线程建立联系,将任务段传送到共享内存中的任务队列。任务传送可采用动态方式和静态方式,动态方式是指任务生成模块在生成任务段的同时,系统协调模块即开始执行;静态方式是指任务生成模块一次性将全部任务段写入共享内存,之后由系统协调模块执行。为避免任务生成时的错误导致缓冲区下溢,影响系统的实时性,本书在传输任务段时采用了静态方式,在执行过程中通过动态修改任务段列表的方式来实现加工过程控制。

5. 插补计算模块

插补计算模块的主要功能是完成插补、加减速和自适应控制等计算任务,将任务生成模块生成的运动段转化为一系列以插补周期为间隔的插补点。插补计算属于实时任务,因此本书采用实时动态链接库的方法来实现插补计算模块的功能,以服务器的形式存在于数控系统软件内核的实时空间。系统协调模块的手动运行子模块和自动运行子模块作为客户端,在进行运动控制时调用此模块的功能。插补计算模块通过有限状态机技术来管理运动段的执行,将插补过程分为插补、保持、恢复和停止等状态,当指定事件发生时实时切换模块的状态。插补计算模块包括4个子模块:

(1)状态管理子模块。

插补计算过程的运行机制是采用有限状态机技术构建的,当指定时间发生时,插补计算模块的状态会在闲置、自动、手动、手动停止和手轮之间切换,用于执行不同类型的任务。而状态管理模块的主要任务是管理插补计算模块有限状态机的运行。

（2）速度计算子模块。

对于每一个运动段来说,都可分为加速、匀速和减速 3 个阶段,速度计算模块的主要功能是根据当前的实际速度和到运动段结束的距离,确定下一插补周期的进给速度。

（3）位置计算子模块。

位置计算模块的主要功能是,根据当前的进给速度、进给方向和插补周期,计算下一周期各个进给轴的运动量,确定下一插补点的位置。

（4）自适应计算子模块。

自适应计算子模块的任务是按照指定的优化算法和控制目标,在进行插补计算时自适应调整进给速度和主轴转速等加工参数,保证加工状态处于良好的状态。自适应计算模块是实现闭环加工系统实时加工过程控制的关键,通过将自适应控制算法嵌入插补计算过程的方式,可以保证加工过程控制的实时性。

6. 设备通信模块

设备通信模块的主要功能是建立数控系统软件内核与硬件设备之间的联系,通过设备通信接口向机床发送控制信号,或读取机床、传感器及检测设备的信息。本书采用 C++类的方式实现设备通信模块的功能,包括 CAxisControl, CPLCExecute 和 CRtxdriver 等。利用 C++语言开发了对具体的硬件设备的读写功能,并将每项功能作为 C++类的一个成员函数。当数控系统被移植到其他硬件平台上时,只需要修改成员函数内的源代码,即可建立数控系统软件内核与新硬件设备之间的联系,实现了开放式 STEP-NC 数控系统的可移植性。设备通信模块包括 3 个子模块:

（1）轴控制子模块。

轴控制子模块的任务是向伺服驱动系统发送运动控制信号,一般情况下通过专用的工业控制总线及其通信协议来实现,例如 SERCOS, PowerLink, MACRO(Motion And Control Ring Optical)和 FireWire 等,其他软件模块可通过轴控制模块与驱动器进行通信。

（2）IO 控制子模块。

IO 控制子模块负责 IO 量的输入和输出,一般通过工业控制总线与伺服系统中的 IO 模块连接,处理各种数字与模拟信号的输入和输出。

（3）外设通信子模块。

外设通信子模块负责与机床的外部附属设备通信,一般情况下利用数据采集装置与传感器、测量设备或其他外设连接,以读取相应的信号。

4.4.3　软件内核运行与协调机制

在完成产品加工任务时,需要 STEP-NC 数控系统直接提取高层产品加工信息,并以自适应方式执行相应的加工任务。本书利用面向对象、多线程、共享内存、动态链接库、组件对象模型、应用程序接口和有限状态机等技术建立系统的运行机制。开放式 STEP-NC 数控系统的运行流程,如图 4.18 所示。

人机界面读入包含集成工艺计划的 STEP-NC 文件,通过调用 STEP-NC 解释模块的功能来解释和执行 STEP-NC 文件中的工步列表。STEP-NC 解释模块提取文件中的工艺计划信息,将相应的内容读取到内存中的行结构列表里。此时,数控系统只是检查 STEP-NC 文件中的基本语法格式,尚未分析其中的产品加工信息。而在解析文件的过程中,STEP-NC 解释模块将行结构列表中的原始信息通过面向对象技术映射到数控系统内部,按照树形结构保存在内存空间中。为此,本书在系统中建立了用于映射 STEP-NC 实体的 C++类库。在执行 STEP-NC 文件之前,STEP-NC 解释器首先在树形结构中搜索到主工艺计划,提取其中的工步列表。在 STEP-NC 解释器内部,设置了一组负责执行 STEP-NC 工步的函数,功能是根据工步所对应的制造特征和加工操作,在线生成刀具轨迹,然后调用任务生成模块的接口方法将刀具轨迹封装为任务段,传送到共享内存中的任务队列里。系统协调模块采用多线程技术和有限状态机技术构建,同步完成信息交换、任务执行、数据采集和状态监测等功能。

系统协调模块从任务队列中依次提取任务段,根据任务段的类型分别激活对应的线程和功能来执行,直至工艺计划执行完毕。执行任务段的过程需要保证严格的实时性,任务生成模块的相关线程会按照预定的运行周期调用插补计算模块中的算法,计算插补点位置,然后通过设备通信模块将运动控制信号传送给驱动器。而数据采集线程则通

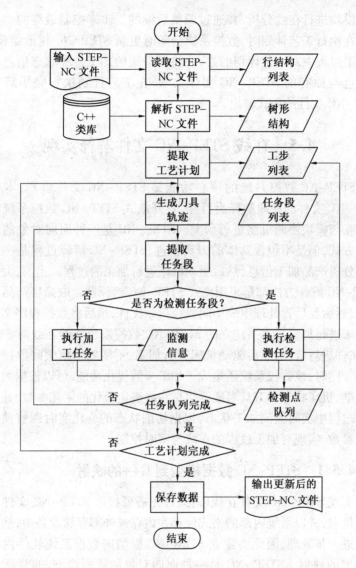

图 4.18 开放式 STEP-NC 数控系统的运行流程

过设备通信模块实时读取传感器的信号,通过插补计算模块的自适应控制算法对加工过程进行实时控制。当任务段属于检测任务时,系统协调模块会激活用于监测测头状态的线程,当测头与工件接触时记录触发位置。检测完成后,利用共享内存将检测点信息传送给 STEP-NC

解释模块进行在线分析,并通过调整后续的工步来控制最终的加工结果。在执行工艺计划时,数控系统会随时更新 STEP-NC 树形结构,保存加工过程中对工艺计划的修改,将所采集的加工过程状态信息和检测信息与原有的 STEP-NC 实体关联,在工艺计划执行完毕后通过 STEP-NC 文件的形式输出。

4.5　在线 STEP-NC 文件解释实现

STEP-NC 数控系统的核心功能是 STEP-NC 文件解释,本节以 STEP-NC 文件的在线解释为目标,对开放式 STEP-NC 数控系统的信息交互与模块协调机制进行研究。STEP-NC 是一种面向对象的信息描述方式,但是不包含具体的刀具轨迹,STEP-NC 解释过程是一个提取并分析产品加工信息,然后驱动机床进行加工的过程。当前,大多数 STEP-NC 解释方法都是采用离线 STEP-NC 解释器读取高层产品加工信息,然后经后置处理生成中间数控指令文件,最后将数控程序文件输入机床进行加工。本书建立的 STEP-NC 数控系统能够在线对 STEP-NC 文件进行解释,然后驱动机床进行加工,不需要任何中间数控指令文件。同时,该数控系统还集成了加工参数优化功能,可以根据加工经验数据、机床状态和刀具参数等信息在线确定最优的工艺参数,并且在加工过程中实时监测加工状态,根据切削状态的变化实时调整预定的加工参数,实现对加工过程的在线与实时控制。

4.5.1　STEP-NC 数据模型到 C++的映射

实现 STEP-NC 文件在线解释,首先需要提取 STEP-NC 文件中的关键信息,并以系统内部的格式保存在内存或外部存储设备中,然后再进行进一步处理,因此要建立 STEP-NC 模型向数控系统软件内核数据模型的映射。STEP-NC 是一种面向对象的数据模型,非常适合用 C++中的各种数据类型来表示。STEP-NC 中的一些简单数据类型可以用 C++中的基本数据类型来表示,例如字符串用 char 指针表示,数值用 int 和 double 等表示,而实体则可以用 C++中的类来表示。NIST 曾开发了一组 C++类库,在 C++中建立了 EXPRESS 语言的映射。本书对 NIST 开发的 C++类库进行了扩充,并移植到开放式 STEP-NC 数控系统软件内核当中。利用 C++类的成员变量保存 STEP-NC 实体的属性,利用 C++类的成员函数对 STEP-NC 实体属性进行相应的操作。C++类采用面向对象的方式将 EXPRESS 语言定义的 STEP-NC 实体完整映射到 C++语言中,并完全保存了 STEP-NC 实体的继承关系。iso14649CppBase 类是类库中的大部分类的共同基类。该类有两个虚函数 printSelf 和 isA,这两个虚函数在子类中被重载。printSelf 的功能是按照 STEP-NC 文件的格式将 STEP-NC 实体实例的具体内容输出到指定的文件中,其中设置了一个输出文件流的指针类型的全局变量 optFile,用于输出文件。如果实体的属性对应另一个实体,则在本行中只输出对应实体的编号。而 isA 函数的功能是判断 STEP-NC 实体实例的类型。其输入参数是用于表示实体类型的 int 类型变量,实体的类型在枚举变量 iso14649ClassEName 中定义,名称的格式为“C++类名_E”。如果输入的枚举变量名称对应的类型与重载此函数的实体类型相同,则函数返回 1,否则返回 0。instance 类是所有实例型 C++类的基类,即能以实例形式写入 STEP-NC 文件数据部的 EXPRESS 实体所对应的类。instance 类派生于 iso14649CppBase,有一个 instanceId 指针类型的成员变量 iId。instanceId 类利用 int 类型的成员变量来保存 STEP-NC 实体实例的编号。所有直接或间接派生于 instance 类的 C++类都继承了 iId,用于表示其在 STEP-NC 文件中的编号。当 instanceId 类重载的 printSelf 函数被调用时,会以“#数字”的格式将实体的编号输出到文件中。

下面以机械加工工步为例,说明 STEP-NC 数据模型向 C++映射的原理。图 4.19 所示为 EXPRESS 到 C++的映射,C++类的名称与 STEP-NC 实体名称一一对应,只是去掉了其中的空格和下划线。C++类的成员变量对应 STEP-NC 实体的属性,在 C++类中的成员函数中,除了构造函数、析构函数和重载的 printSelf 与 isA 函数之外,为每个成员变量添加了以“get_”和“set_”为前缀的成员函数,分别用于该成员变量的读取和设置。STEP-NC 标准中的实体属性为某种实体或类型,C++类库中所有类的成员变量都是指针类型,可以通过类的实例链接到成员函数所对应的类实例。可执行结构(executable)是 STEP-NC 中的基础实体之一,分为工步(workingstep)、数控功能(nc_function)和程序结构(program_structure)三类。在 C++中将可执行结构映射为 exec-

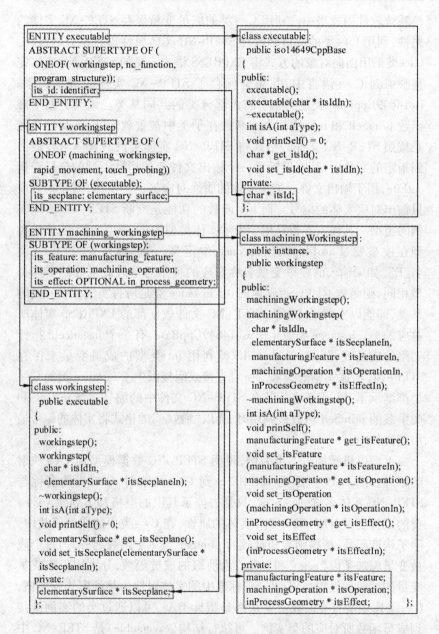

图 4.19 EXPRESS 到 C++的映射

utable 类,将实体的属性映射为字符串指针类型的成员变量。工步是可执行结构的子实体,在 C++中映射为 workingstep 类,父类为 executable。工步实体的属性类型为基本平面(elementary_surface),被映射为对应 C++类型的指针成员变量。机械加工工步实体对应的 C++类为 machining workingstep,派生于 instance 类和 workingstep 类,可以作为 STEP-NC 文件中的实例,三个指针类型的成员变量分别对应机械加工工步实体的属性。machining workingstep 类继承了其父类的所有成员变量与成员函数,并重载了 printSelf,用于在文件中输出实体的实例。

4.5.2 STEP-NC 解释应用程序接口设计与实现

开放式 STEP-NC 数控系统应具有通用性和可移植性等特点,本书提出并开发了一个适用于不同软件开发环境和系统实现平台的 STEP-NC 解释应用程序接口及其接口方法,见表 4.3。

表 4.3 STEP-NC 解释模块接口方法

方法名称	功能描述
STP_initiate	初始化
put_STP_FileName/ get_STP_FileName	设置/获取输入文件路径
put_opFileName/ get_opFileName	设置/获取输出文件路径
STP_setMcimInt	设置任务传送接口
STP_relMcimInt	释放任务传送接口
STP_openFile	打开文件
STP_parseFile	解析文件
STP_interpretFile	解释文件
STP_getErrors	获取错误信息
STP_checkResult	分析检测结果
STP_fixPart	在线修补工件
STP_saveFile	保存文件
STP_setSetup	设置装夹坐标系信息
STP_getCurrentWS	获取正在执行的工步
STP_getCurrentFT	获取当前制造特征
STP_setToolInf/ STP_getToolInf	设置/获取刀具信息
STP_setSpinSpeed/ STP_getSpinSpeed	设置/获取主轴转速
STP_setCuttingSpeed/ STP_getCuttingSpeed	设置/获取切削速度
STP_setFeedrate/ STP_getFeedrate	设置/获取进给速度
STP_setFeedPerTooth/ STP_getFeedPerTooth	设置/获取每齿进给速度
STP_setAxialDepth/ STP_getAxialDepth	设置/获取轴向切深
STP_setRatialDepth/ STP_getRatialDepth	设置/获取径向切深

STEP-NC 解释接口的名称为 IInterpreter,接口方法名称以"STP"为前缀,后半部分根据接口方法的具体功能来定义。例如,解析 STEP-NC 文件的接口方法名称为"STP_parseFile"。STEP-NC 解释模块以服务器的形式加载,而数控系统软件内核中的其他模块作为客户端,通过调用接口方法完成相应的 STEP-NC 文件解释任务。为了实现对加工的在线控制,在 STEP-NC 解释接口方法中,定义了一组用于设置和读取当前工步及制造特征参数的方法,以及用于分析检测结果和调整后续工步的方法。应用程序接口的定义不受具体的软件开发环境限制,可根据不同的系统软硬件平台采用相应的编程语言和模块封装技术来实现。

在本书所采用的系统开发平台上,采用组件技术来建立 STEP-NC 解释模块,将模块的功能封装为 COM 模块和与之对应的接口方法。STEP-NC 解释模块接口以 C++类的形式实现,类名称为 CInterpreter,而接口方法作为 CInterpreter 类的成员函数。在解释 STEP-NC 文件之前,首先加载 STEP-NC 文件解释应用程序接口,将 CInterpreter 类的指针保存在人机界面模块的变量中并进行初始化操作,之后人机界面通过指针调用 STEP-NC 解释接口的方法,完成文件打开、文件解析、参数设置、错误检查、任务执行和在线过程控制等任务。本书所定义的 STEP-NC 解释接口可以适用于采用其他结构和实现平台方案的开放式 STEP-NC 数控系统,对于采用 C++作为开发环境的 STEP-NC 数控系统,可以直接将本书所开发的 STEP-NC 解释接口 C++类移植到新的软件环境当中,实现模块的通用性和可移植性。

4.5.3 在线 STEP-NC 文件解析实现

解析 STEP-NC 文件的目的是以编程语言内部的数据结构保存文件中的所有信息,为之后的解释过程提供数据上的支持。本书采用面向对象的方式建立了 STEP-NC 到 C++的映射,在数控系统软件内核中利用 C++类的实例来表达 STEP-NC 实体。在构建 C++类实例时,没有采用实际实例变量的形式,而是采用指针方式,C++类的成员函数为指向另一个类实例的指针,通过指针之间的连接,实现对 STEP-NC 数据结构的完整表达。

STEP-NC 文件分为文件头部和数据部,用标识符对文件进行了分区。解析 STEP-NC 文件时,首先检查文件的基本结构是否完整,然后对其中的标识符进行解析。之后解析文件头部的实体,读取 STEP-NC 的基本说明信息。然后按照一定的顺序解析数据部的所有实体,同时进行错误检查,并按照树形结构的形式保存。最后建立整个文件结构在 C++中的映射。在 STEP-NC 文件中,实体是以"实体编号+实体名称+实体属性列表"的方式表达。解释文件时,应当首先以数字和字符串的形式将所有实体的实例都保存在内存中,便于在后续的解释过程中读取相关信息。本书利用 C++语言编写了 stp_lineStruct 类来保存一行 STEP-NC 文件的编号及文本,如图 4.20 所示。其中的三个成员变量分别对应实体的编号、名称和属性列表。同时,为每个成员变量定义两个成员函数,可以通过调用这两个函数来设置或读取成员变量的内容。

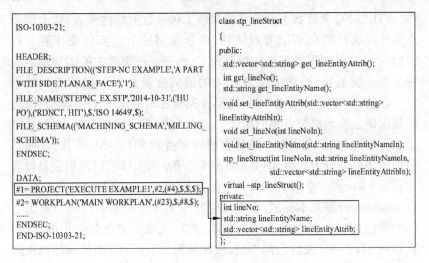

图 4.20　stp_lineStruct 类

　　本书利用 C++类实例指针所组成的树形结构,在数控系统内核中表达读入的 STEP-NC 文件数据结构,根节点为 inputFile 类实例的指针,如图 4.21 所示。inputFile 类的实例保存了 STEP-NC 文件中的全部内容。其成员变量中的指针 inputStart 和 inputEnd 分别指向 STEP-NC 文件的开头和结尾标识符,而指针 headerSection 和 dataSection 分别指向 STEP-NC 文件的头部和数据部。在 dataSection 类实例的成员变量中,有一个 instance 指针类型的链表指针,其中保存了 STEP-NC 文件数据部的所有实例的 C++类指针。

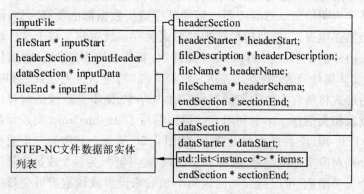

图 4.21　STEP-NC 文件在 C++中的结构

STEP-NC 文件数据部的实例采用了树形数据结构来表达,上层节点实体的属性指向下层节点属性,位于顶层的节点实体是工程。将 STEP-NC 文件树形数据结构映射到 C++,每一行文件中的实例都对应一个 C++类的指针,而上层节点类的成员变量是下一层节点类的指针。在解析 STEP-NC 文件时,需要首先构建最底层的 C++类指针,之后逐层向上直至根节点类的指针。表 4.4 为 STEP-NC 实体分组,总结了本书所构建的 STEP-NC 解释器能够支持的 STEP-NC 实体,按照解析的顺序将其分为 9 组,编号为 0 到 8。第 0 组实体的属性列表只包含字符串(string)、整形(integer)、实数(real)、布尔(boolean)和枚举(enumeration)等基本类型,而不对应其他实体。而第 1 组到第 8 组实体的属性列表中包含以上 5 类基本类型,或指向之前分组中的实体。在解析 STEP-NC 文件数据部时,按照从第 0 组到第 8 组的顺序依次解析,最终构建完整的树形结构。

本书为表 4.4 中所有的 STEP-NC 实体及其属性中所出现过的类型开发了对应的解析函数,函数的命名规则为"parse+实体或类型名称",例如笛卡尔点实体的解析函数名称为"parseCartesianPoint"。

表 4.4 STEP-NC 实体分组

组别	实体	组别	实体
0	cartesian_point	2	linear_profile
0	const_force_milling	2	rectangular_closed_profile
0	cutting_edge_technological_data	2	square_u_profile
0	descriptive_parameter	3	milling_cutting_tool
0	direction	3	milling_machine_functions
0	hole_bottom_condition	3	online_inspection_monitoring
0	milling_force_monitoring	4	bottom_and_side_finish_milling
0	milling_tool_dimension	4	bottom_and_side_rough_milling
0	numeric_parameter	4	drilling
0	plus_minus_value	4	plane_finish_milling
0	pocket_bottom_condition	4	plane_rough_milling
0	property_parameter	4	side_finish_milling
0	radiused_slot_end_type	4	side_rough_milling
1	axis2_placement_3d	4	workpiece
1	bidirectional_milling	5	closed_pocket
1	material	5	open_pocket
1	milling_technology	5	planar_face
1	milling_tool_body	5	round_hole
1	plunge_ramp	5	slot
1	polyline	5	workpiece_setup
1	toleranced_length_measure	6	machining_workingstep
1	unidirectional_milling	6	setup
2	elementary_surface	7	probe_inspection_results
2	cutting_component	7	workplan
2	general_closed_profile	8	project
2	linear_path		

　　STEP-NC 实体解析函数的运行流程如图 4.22 所示。实体解析函数会在行结构列表中搜索所有实体名称与本函数对应实体类型相同的实例,然后根据行结构中保存的属性列表建立对应 C++类的实例及指针。在解析实体属性列表时,如果属性对应的是实体,则利用实例编号从已经解析的 C++类实例指针中搜索。如果属性对应的是类型,则直接调用解析类型的函数创建其指针。最后,利用所有属性对应的指针在内存中新建一个实体的 C++类指针,并保存到实例树形结构中。

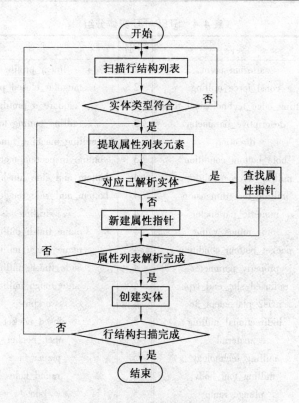

图 4.22　STEP-NC 实体解析函数的运行流程

4.5.4　在线刀具轨迹生成实现

STEP-NC 文件解析完成后,就可以为每一个工步生成相应的刀具轨迹。首先从 STEP-NC 文件的树形结构中搜索到主工作计划,从中提取出工步列表,然后依次为每一个工步生成刀具轨迹或测头运动轨迹。最后将刀具轨迹封装为任务段传送至共享内存,由系统协调模块提取和执行。任务段以 C++结构体的形式在模块间传输,包含刀具轨迹的起点、终点、进给速度和其他辅助信息。在开始解释 STEP-NC 文件之前,数控系统会将任务生成模块的接口的地址赋值给 STEP-NC 模块的一个指针变量,用于生成和传送任务段。

在线刀具轨迹生成的流程如图 4.23 所示。刀具轨迹生成的基本参数包括机床坐标系、装夹坐标系、工件坐标系、全局安全平面、刀具参数和刀具的当前位置等,刀具轨迹生成模块首先从文件或机床读取这些基本信息并保存在内部变量中,并初始化任务生成模块接口。接着,刀具轨迹生成模块从 STEP-NC 文件中读取冷却液、冷却压力和主轴冷却等加工辅助功能信息,还有切削速度、主轴转速、进给倍率、主轴倍率和自适应策略等工艺参数信息,并将这些信息保存在内部变量中。

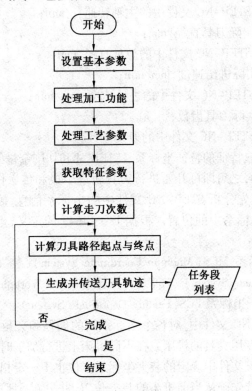

图 4.23　在线刀具轨迹生成流程

在处理 STEP-NC 文件中的速度信息时,刀具轨迹生成模块会在当前可用刀具中搜索 STEP-NC 文件指定规格的刀具,如果刀库中没有相同规格的刀具,则选取规格相近的刀具,并在线调整主轴转速和进给速度,使得实际切削时的切削速度与每齿进给速度和 STEP-NC 文件中指定的值相等。计算方法如下

$$\begin{cases} n = \dfrac{n_r d_r}{d} \\ f = \dfrac{f_r z}{z_r} \end{cases} \qquad (4.1)$$

式中　n——实际主轴转速,r/min;

　　　n_r——STEP-NC 文件中的主轴转速,r/min;

　　　d——实际刀具直径,mm;

　　　d_r——STEP-NC 文件中的刀具直径,mm;

　　　f——实际进给速度,mm/min;

　　　f_r——STEP-NC 文件中的进给速度,mm/min;

　　　z——实际刀具齿数;

　　　z_r——STEP-NC 文件中的刀具齿数。

然后,读取特征的特征坐标系、特征尺寸和切削余量等信息并保存在内部变量中,之后即可开始进行刀具轨迹生成和传送任务。刀具轨迹生成模块首先分析 STEP-NC 文件中的坐标系信息,确定各个制造特征在机床坐标系中的位置。根据 ISO 14649 的定义,坐标系的层级关系如下:

机床坐标系 MCS(Machine Coordinate System)、装夹坐标系 SCS(Setup Coordinate System)、工件装夹坐标系 WCS(Workpiece Coordinate System)和特征坐标系 FCS(Feature Coordinate System)。

在 STEP-NC 文件中,对各个坐标系间的偏移和夹角都做了规定。但是,在没有专用夹具的机床或在不同机床上进行加工时,零件的装夹位置可能不同,文件中规定的装夹坐标系方位也不一定相同,在每一次加工前,应当首先确认当前机床的装夹位置,并更新 STEP-NC 文件中的装夹坐标系方位信息,其他坐标系间的关系直接从文件中读取。特征的尺寸等参数都是在特征坐标系下定义的,需要将特征坐标系下的坐标值变换到机床坐标系下,才能生成正确的刀具轨迹。本书采用坐标变换公式进行不同坐标系下点坐标值的转换,计算方法如下

$$\begin{bmatrix} x_m \\ y_m \\ z_m \\ 1 \end{bmatrix} = M_{sm} M_{ws} M_{fw} \begin{bmatrix} x_f \\ y_f \\ z_f \\ 1 \end{bmatrix} \qquad (4.2)$$

式中　M_{sm}——装夹坐标系到机床坐标系的坐标变换矩阵；

　　　M_{ws}——工件坐标系到装夹坐标系的坐标变换矩阵；

　　　M_{fw}——特征坐标系到工件坐标系的坐标变换矩阵；

　　　x_m, y_m, z_m——机床坐标系下的坐标值,mm；

　　　x_f, y_f, z_f——特征坐标系下的坐标值,mm。

刀具轨迹生成模块会根据特征尺寸、刀具参数和加工余量等信息计算走刀次数,然后逐步计算辅助刀具轨迹和进给刀具轨迹的起始点和终止点,在特征坐标系内的位置。利用公式(4.2)将特征坐标系中的点位置变换到机床坐标系下,进行限位和干涉检查,确定无误后调用任务生成模块的接口方法生成任务段并传送至共享内存,由系统协调模块的自动运行模块提取并执行。

任务段的生成和传送由任务生成模块完成,任务生成模块采用组件技术来建立,为客户端模块提供接口和方法。接口的名称为 ITask-Generator。目前,已经定义的任务生成模块的接口方法,见表4.5。

表 4.5　任务生成模块的接口方法

方法名称	功能描述
mcim_init	初始化
mcim_getAxisPos	获取进给轴位置
mcim_setOriginOffset	设置坐标系偏移
mcim_setWorkPl	设置工作平面
mcim_setFeedMod	设置进给模式
mcim_spinCW	主轴顺时针旋转
mcim_spinCCW	主轴逆时针旋转
mcim_spinStop	主轴停止
mcim_mistOn/mcim_mistOff	打开/关闭冷却雾
mcim_floodOn/mcim_floodOff	打开/关闭冷却液
mcim_feedOvrOn/mcim_feedOvrOff	打开/关闭进给倍率
mcim_speedOvrOn/mcim_speedOvrOff	打开/关闭主轴倍率
mcim_rapidOvrOn/mcim_rapidOvrOff	打开/关闭快进倍率
mcim_rapidMove	传送快速进给任务段
mcim_feedLine	传送直线进给任务段
mcim_feedLineInt	传送自适应直线进给任务段
mcim_feedArc	传送圆弧进给任务段
mcim_pause	暂停
mcim_tgFinished	结束任务传送

　　任务生成模块的接口方法以"mcim"为前缀,可根据不同的系统软硬件平台采用相应的编程语言和模块封装技术来实现。当接口方法被调用时,任务生成模块会向任务队列添加一个任务段。数控系统启动时,将任务生成模块的接口指针赋值给 STEP-NC 解释模块的变量。在生成刀具轨迹时,可以通过指针调用任务生成模块的接口方法,完成初始化、任务段封装、刀具轨迹连接和任务传送等功能。

　　任务段的执行由系统协调模块的相关线程来完成,通过调用插补计算模块的功能来计算插补点的位置。插补计算模块采用实时动态链接库技术建立,并将实时动态链接库的指针保存在系统协调模块的变量中,插补计算模块的方法,见表4.6。

表4.6　插补计算模块接口方法

方法名称	功能描述
setFSMstate	设置当前有限状态机状态
getFSMstate	获得当前有限状态机状态
updateFSM	更新有限状态机状态
jogAxis	手动进给
handWheelAxis	手轮进给
setAxisControlPointer	设置轴控制模块指针
setNextMotionSegment	设置下一运动段
getActualAxesPositions	获得当前进给轴位置
getCmdSpindleSpeed	获得指令主轴转速
getActSpindleSpeed	获得实际主轴转速
getCmdFeedrate	获得指令进给速度
getActFeedrate	获得实际进给速度
setFeedOverride	设置进给倍率
setFastMoveOverride	设置快速进给倍率
setSpindleOverride	设置主轴倍率
setCurTriForce	输入当前切削力

　　本书以平面端铣削为例,说明刀具轨迹生成的生成过程,如图4.24 所示。

　　STEP-NC 解释模块首先根据机床坐标系、装夹坐标系、工件坐标系和特征坐标系的方位关系,确定坐标变换矩阵。然后根据平面的宽

度、刀具直径和刀具轨迹重叠的约束计算出最小走刀次数,计算方法如下

$$
\begin{cases}
find: n = 1, 2, 3, \cdots \\
min: n = \dfrac{w + id}{(1-i)d} \\
s.t. : i \geqslant 0.05
\end{cases}
\tag{4.3}
$$

式中　n——最小走刀次数;

　　　w——平面宽度,mm;

　　　i——刀具轨迹重叠率;

　　　d——刀具直径,mm。

确定相邻刀具轨迹间隔之后,就可以依次计算每一条刀具轨迹的起始点和终点在特征坐标系中的位置,并通过公式(4.2)将其变换为机床坐标系中的坐标值,最后将刀具轨迹转换为任务段传送至任务队列,由系统协调模块执行。

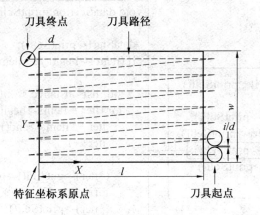

图 4.24　刀具轨迹生成示例

4.5.5　STEP-NC 信息输出实现

在解释 STEP-NC 文件的过程中,系统会根据加工环境的实际情况修改一部分实体的参数。同时,在进行加工过程控制时,还会采集和保存很多加工过程状态信息与检测结果信息,需要将这部分新产生的

数据链接到原有的实体,实现产品加工信息的集成与关联。在 STEP-NC 实体参数被修改,或添加新的实体时,STEP-NC 解释模块会动态更新 STEP-NC 文件树形结构在 C++中的映射,即 4.5.3 节中所描述的 inputFile 类实例。当 STEP-NC 文件执行完成之后,客户端调用 IInterpreter 接口的 STP_saveFile 方法,在此方法的具体实现函数中利用 inputFile类实例指针调用其成员函数 printSelf,如图 4.25 所示。在 inputFile类的成员函数 printSelf 中,依次调用了 fileStart 类、headerSection 类、dataSection 类和 fileEnd 类的成员函数 printSelf。在输出文件流 optFile 中,输出文件开始标识符、文件头部、文件数据部和文件结束标识符。dataSection 类的成员函数 printSelf 利用迭代器 iter,依次输出实体列表的每一个实体。在输出实体时,首先通过在一行的开始处输出"#"、实体编号和"=",之后调用实体类的成员函数 printSelf 输出实体的具体内容。

```
void inputFile::printSelf()
{
  inputStart->printSelf();
  inputHeader->printSelf();
  inputData->printSelf();
  inputEnd->printSelf();
}
```

```
void dataSection::printSelf()
{
  dataStart->printSelf();
  if (items->begin() != items->end())
  {
    std::list<instance *>::iterator iter;
    for (iter = items->begin();
         iter != items->end();
         iter++)
    {
      (*iter)->get_iId()->printSelf();
      fprintf(optFile, "=");
      (*iter)->printSelf();
      fprintf(optFile, ";\r\n");
    }
  }
  sectionEnd->printSelf();
}
```

图 4.25　STEP-NC 文件输出

4.6　STEP-NC 闭环加工中过程控制的实现

4.6.1　实现原理

数控系统从读入的 STEP-NC 文件中,获取加工过程控制任务信息,在加工过程中要收集必要的加工过程状态信息,并通过在线与实时分析算法得到合理的加工过程参数。一般情况下,利用各类传感器进行实时数据采集,例如力、加速度、温度和声音等传感器;而对于工件的尺寸和表面质量等参数,需要使用千分尺、接触式测头、激光干涉仪、坐标测量机和表面粗糙度测量仪等进行测量。

对于以零件尺寸精度为控制目标的闭环加工系统,需要在闭环加工系统中引入零件检测机制。坐标测量机具有较高的检测精度,是常用的零件检测设备。但是,必须在加工完成后将工件转移到坐标测量机上,只能采用离线测量方式,同时会引入多次装夹误差。而通过在机床主轴安装测头的在机检测方式,能够实现零件测量、数据采集与反馈、工艺调整等过程的自动化与集成化,更加适合于闭环加工系统。但是,现有的在机测量系统一般只能识别底层运动控制指令,G 代码等指令在数控系统中只能严格按照顺序执行,而且缺乏完善的反馈机制。同时数控系统也不具备在线处理检测数据的能力,严格来说,这样的在机检测系统也属于离线测量。表 4.7 对不同测量系统方案与特性进行了总结,其中只有开放式 STEP-NC 数控系统与测头的方案能够满足在线检测及加工过程控制的需求。

表 4.7　测量系统方案与特性

	坐标测量机	传统数控系统与测头	开放式 STEP-NC 数控系统与测头
测量精度	高	取决于数控机床	取决于数控机床
测量效率	低	中	高
测量方式	离线	在机	在线
重定位	需要	不需要	不需要
输入信息	底层	底层	高层
反馈信息	底层	底层	高层
信息完整度	低	低	高
系统集成度	低	中	高

被加工零件上可能存在刚度较小的区域,在切削加工过程中会因为切削力而产生变形,进而造成尺寸误差和表面质量下降。如果机床和测头的精度能够满足零件的测量要求,则可以采用在线检测的方法,在关键加工工步之后测量被加工平面的尺寸,根据测量结果和 STEP-NC 制造特征的尺寸差值,对零件进行修补或在后续工步中加入补偿,其流程如图 4.26 所示。

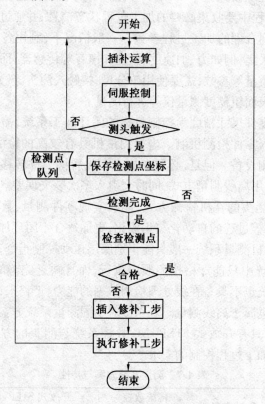

图 4.26　基于在线检测的加工过程控制流程

数控系统在执行 STEP-NC 文件时,会在需要检测的制造特征所对应的加工工步之后在线加入检测工步,根据制造特征的位置和尺寸等参数规划检测点,然后生成测头的运动轨迹,以任务段的形式输入任务队列,并暂停进给,待主轴更换测头后继续执行。测头运动任务段与直线插补运动段类似,但是加入了测头状态监测功能,数控系统在进行插补运算和伺服控制的同时,会同时开启另一个线程来监控测头的触发状态。当测头接触到被测表面时,测头发出触发信号,此时测头状态监测线程记录触发瞬间的机床坐标系位置并停止进给,之后将测头反方向退回。整个制造特征检测完成后,根据制造特征在机床坐标系中的相对位置与角度计算出检测点在制造特征坐标系中的数值,并与制造特征的标称尺寸对比,标出其中的误差区域。之后对误差的类型进行判断,如果属于整体偏移,即表示对刀时确定的制造特征位置与实际的制造特征位置之间存在偏差,可以通过调整下一次走刀的刀具轨迹位置来消除误差。如果属于局部误差,则在线加入一个修补工步,再次切削存在误差的区域。通过在线检测与过程控制,可以在最后一次走刀之前及时发现由于对刀或工件变形引起的加工误差,防止产生过切等无法修复的结果,保证零件的尺寸符合公差要求。

对于以切削力、振动和切削热等实时切削过程参数为控制目标的闭环加工系统,需要在机床工作台、主轴或工件等位置安装传感器,并在数控系统内部或外部建立数据采集功能模块。由加工过程控制器读取实时加工过程状态信息,然后利用优化算法计算出优化后的加工参数。但是,大多数数控系统并不具备实时处理加工过程状态数据和实时优化加工参数的功能,需要在数控系统外部建立加工过程控制器,然后通过输入与输出接口将优化结果输入数控系统,这在一定程度上影响了加工过程控制的实时性。而本书所建立的开放式 STEP-NC 数控系统的软件内核具有可扩展性和开源性等特点,可以从数控系统的底层对其插补算法进行改造,保证加工过程控制的实时性。

铣削力实时监测与控制的基本方法是利用测力仪等传感器实时采集切削过程中的切削力,数控系统根据预定的控制目标和控制策略,在进行插补运算的同时调整切削速度或进给速度等工艺参数,实现对切削力的控制。由于缺乏有效和精确的切削条件与切削力关系模型,而且在切削过程中存在未知的状态变化,因此一般无法在实时过程中利用加工参数和采集的加工过程状态信息准确地计算出当前条件下的理想切削参数,而是需要确定一个切削参数调整的方向和大小,使加工状态逐渐稳定在预定的理想状态。建立合理有效的切削参数调整自适应控制策略,是保证切削力实时监测与控制系统准确性、稳定性和快速性的关键。切削力实时监测与控制流程,如图 4.27 所示。

在生成任务段时,数控系统根据 STEP-NC 文件中的信息对其进行分类,对于需要实时监测或智能控制的工步,将实时监测标识或智能控制目标写入运动段中。在执行任务段时,数控系统判断所提取的加工任务段类型,如果是智能控制运动段,则利用控制算法对采集的切削力做实时分析并调整加工参数,更新进给速度之后再调用插补算法计算下一插补点,然后进行伺服控制。如果是普通运动段,则直接进行插补运算和伺服控制。对于需要监测切削力的普通运动段,只是实时采集并保存切削力,并不进行分析和控制。当工步对应的任务段全部完成后,将所采集到的切削力信息输出到临时存储空间或临时文件中。

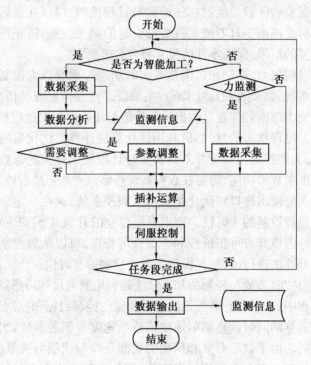

图 4.27　切削力实时监测与控制流程

4.6.2　加工过程信息 STEP-NC 数据模型

产品的加工工艺计划由工艺规划子系统输入数控加工子系统,其中主要包含工艺计划信息,并关联了设计子系统所生成的产品设计信息。而数控加工子系统在产品加工过程中获取加工过程信息,然后与上述两组信息相互集成。在加工系统中,需要建立统一的信息交换数据标准及相互关联的数据模型,以实现完整产品加工信息集成与闭环传输。在 ISO 10303 标准中包含几何与公差信息数据模型,用于构成产品设计信息,并与其他产品加工信息相互关联。一些研究机构曾定义了接触式测量的 STEP-NC 信息交换数据模型,编号为 ISO 14649—16,用于构成产品的工艺计划信息和在线检测加工过程信息[110]。但是,在 ISO 官方网站上,并没有公布 ISO 14649—16 的草案或正式标准。ISO 14649—10 中定义了接触式测量实体及其 3 个子实体,分别为工件检测、完整工件检测和刀具检测,但是没有关联具体的制造特征实体[111]。目前,在 STEP 标准或 STEP-NC 标准中尚未建立实时监测加工过程信息的数据模型。综上,现有的 STEP-NC 标准尚未完全覆盖加工过程信息部分,需要自行定义用于描述在线检测和实时监测任务,以及描述与之对应的加工过程状态信息的 STEP-NC 数据模型,以实现完整产品加工信息的集成。大多数研究所使用的检测任务信息 STEP-NC 数据模型侧重于描述具体的检测过程,例如检测操作、检测技术和检测设备[112]。由于在工艺规划阶段严格规定了具体的检测方法,所生成的 STEP-NC 文件一般只适用于特定的检测设备,不能保证检测工艺计划的通用性。在检测结果信息反馈 STEP-NC 数据模型方面,没有保留原始的检测点数据,而是以具体的公差项目作为输出,例如尺寸误差、平行度、垂直度和平面度等。加工系统的其他子系统只能通过 STEP-NC 文件中的加工过程信息,检验工件的加工结果是否合格,而不能识别被测对象所存在的局部误差,也无法进一步分析形成误差的原因。同时,没有将实时加工过程状态信息与相应的制造特征及机械加工操作相关联,加工系统不能及时获得具体加工工步的执行状态。

　　本书根据所选择的加工过程控制目标,在现有 STEP-NC 正式标准的基础上进行了扩展。首先,利用 EXPRESS 语言建立描述在线检测任务、实时监测任务、检测点信息、实时监测过程信息和自适应控制任务等项目的 STEP-NC 数据模型,并与制造特征、机械加工工步和机械加工操作等实体相互关联,实现对机械加工工步执行状态的实时监测和执行结果的在线检查。然后,利用 EXPRESS-G 方法来描述新定义的 STEP-NC 实体及其与原有实体之间的相互关系。为了描述闭环加工系统的加工过程控制信息,本书定义了4个新类型,如图4.28所示。force_measure 类型和 sample_measure 类型被定义为实数,分别用于描述切削力的大小和数据采集的采样周期。而 file_path 类型和 file_url 类型被定义为字符串,分别用于描述本地文件和网络文件的路径。

```
TYPE force_measure = REAL;
END_TYPE;
TYPE sample_measure = REAL;
END_TYPE;
TYPE file_path = STRING;
END_TYPE;
TYPE file_url = STRING;
END_TYPE;
```

图 4.28　新类型 EXPRESS 定义

在本书新定义的 STEP-NC 实体的属性列表中,包含以上4个类型的属性。下面介绍6个本书新定义的 STEP-NC 实体:

1. 在线检测与监测

在线检测与监测(Online_inspection_monitoring)实体派生于铣削加工功能实体,作为机械加工操作实体的一个属性,与机械加工工步实体相互关联,用于描述在线检测与实时监测操作。实体的 EXPRESS 定义如图 4.29 所示,该实体共有 3 个属性,inspect 属性描述当前工步结束后是否进行在线检测,monitor 属性描述执行当前工步时是否进行实时监测,its_monitoring_item 属性描述实时监测项目列表。当 monitor 属性为"真"时,its_monitoring_item 属性列表中应当至少有 1 个元素。本实体并未严格指定对于在线检测和实时监测任务的具体执行方法及流程,而是由数控加工子系统根据工件、机床、测量设备和传感器等加工现场情况自主决定。

2. 监测项目

监测项目(Monitoring_item)的 EXPRESS 定义如图 4.30 所示,本实体是一个抽象类实体,作为所有实时监测项目的父实体,没有自己的属性列表。其子类实体描述具体的实时监测项目,例如切削力、加速度和切削温度等。

```
ENTITY online_inspection_monitoring
SUBTYPE OF (milling_machine_functions);
  inspect : BOOLEAN;
  monitor : BOOLEAN;
  its_monitoring_item : LIST [0:?] OF monitoring_item;
END_ENTITY;
```

图 4.29　在线检测与监测实体 EXPRESS 定义

```
ENTITY monitoring_item
ABSTRACT SUPERTYPE OF
(ONEOF(milling_force_monitoring, acceleration_monitoring,
temperature_monitoring));
END_ENTITY;
```

图 4.30　监测项目实体 EXPRESS 定义

3. 铣削力监测

铣削力监测(Milling_force_monitoring)实体派生于监测项目实体,该实体的 EXPRESS 定义如图 4.31 所示。实体有 3 个布尔类型的属性 monitor_force_x, monitor_force_y 和 monitor_force_z,分别用于描述在执行加工工步时是否实时监测 X, Y 和 Z 方向的铣削力。其中,铣削力的方向定义为:在执行所对应的机械加工工步时,所对应的制造特征受到刀具施加的切削力在其特征坐标系 3 个坐标轴方向上的分量。

```
ENTITY milling_force_monitorin
SUBTYPE OF (monitoring_item);
  monitor_force_x : BOOLEAN;
  monitor_force_y : BOOLEAN;
  monitor_force_z : BOOLEAN;
END_ENTITY;
```

图 4.31　铣削力监测实体 EXPRESS 定义

4. 恒力铣削

恒力铣削(Const_force_milling)实体派生于自适应控制(Adatpive_control)实体,描述实时恒定铣削力控制任务。数控加工子系统在执行恒力铣削所对应的机械加工工步时,会根据指定的恒定铣削力自适应调整机械加工技术中的切削速度和进给速度等参数。该实体的 EXPRESS 定义如图 4.32 所示,属性 x_axis_const,y_axis_const 和 z_axis_const 分别用于描述执行工步时,是否控制 X、Y 和 Z 方向的铣削力;而属性 x_force,y_force 和 z_force 用于描述 X、Y 和 Z 方向的理想铣削力,单位为 N。铣削力的方向定义与铣削力监测实体中的定义相同,当控制某方向铣削力属性为"真"时,对应方向的理想铣削力属性必须存在。

```
ENTITY const_force_milling
SUBTYPE OF (adaptive_control);
 x_axis_const : BOOLEAN;
 y_axis_const : BOOLEAN;
 z_axis_const : BOOLEAN;
 x_force : OPTIONAL force_measure;
 y_force : OPTIONAL force_measure;
 z_force : OPTIONAL force_measure;
END_ENTITY;
```

图 4.32　恒力铣削实体 EXPRESS 定义

5. 测头检测结果

测头检测结果(Probe_inspection_results)用于保存在线检测的结果,共有两个属性,其 EXPRESS 定义如图 4.33 所示。its_workingstep 属性用于描述执行检测操作之前进行的机械加工工步,将检测结果与其对应的机械加工工步关联起来。probe_points 属性是一个笛卡尔点列表,用于记录检测点的实际测量值。其中,检测点测量值位置用机械加工工步所对应制造特征的特征坐标系坐标值表示。

```
ENTITY probe_inspection_results
 its_workingstep : machining_workingstep;
 probe_points : LIST [1:?] OF cartesian_point;
END_ENTITY;
```

图 4.33　测头检测结果实体 EXPRESS 定义

6. 铣削力保存

铣削力保存(Milling_force_save)用于保存数控加工子系统采集到的实时切削力监测信息,由于实时监测信息的数据量一般较大,不宜直接写入 STEP-NC 文件,因此将具体的采集数据以文件的形式保存在本地或网络存储设备中,然后通过实体属性链接到相关数据文件。铣削力保存实体的 EXPRESS 定义,如图 4.34 所示。its_workingstep 属性描述了切削力信号所对应的机械加工工步,start_point 属性和 end_point 属性描述了监测开始和监测结束时刀具的位置,sample_rate 属性描述数据采集时的采样周期,单位 μs;file_path 属性和 file_url 属性分别描述采集数据文件的本地存储位置和网络存储位置。其中,监测起始止点和终点坐标位置用被加工制造特征的特征坐标系坐标值表示,本地存储位置和网络存储位置属性至少应当有一个存在。

```
ENTITY milling_force_save
  its_workingstep : machining_workingstep;
  start_point : cartesian_point;
  end_point : cartesian_point;
  sample_rate : sample_measure;
  local_save : OPTIONAL file_path;
  online_save : OPTIONAL file_url;
END_ENTITY;
```

图 4.34 铣削力保存实体的 EXPRESS 定义

新定义实体的 EXPRESS-G 模型如图 4.35 所示。其中,上半部分为现有的 STEP-NC 实体,下半部分为本书为加工过程信息所新定义的实体。对于现有的 STEP-NC 实体,本书只在图中做了简要描述,其详细 EXPRESS-G 模型可参考相关的国际标准[113,114]。新定义的 STEP-NC 实体通过派生关系或属性关系与现有 STEP-NC 实体相互关联,实现了用 STEP-NC 文件描述闭环加工系统的加工过程控制信息,同时将产品加工的工艺计划信息、加工过程状态信息和检测信息集成到同一数据流当中。

加工过程信息 STEP-NC 数据模型 C++类,如图 4.36 所示。采用 C++类及其成员变量描述 STEP-NC 实体及其属性。其中,online Inspection Monitoring 类、constForceMilling 类、millingForceSave 类、millingForceMonitoring 类和 probeinspectionresults 类所对应的 STEP-NC 实

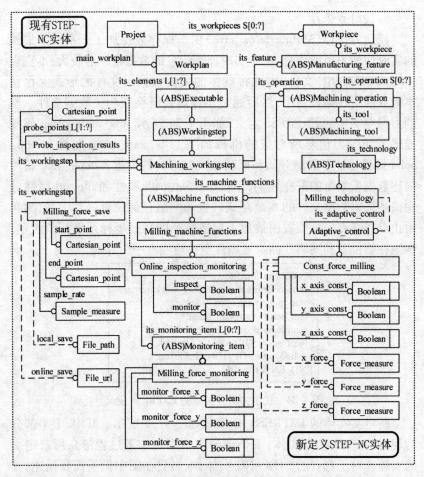

图4.35　加工过程信息 EXPRESS-G 模型

体可以作为实例直接出现在 STEP-NC 文件中。这5个类均直接或间接派生于 instance 类,并用成员变量表示实体的属性。而 monitoring-Item 类所对应的 STEP-NC 实体属于抽象类实体,没有自己的成员变量,只作为具体实时监测项的父类。以上6个 C++ 类分别对应一个描述加工过程信息的 STEP-NC 实体。而 parenMonitoringItemList 类用于保存实时监测项的列表,不对应任何 STEP-NC 实体,其成员变量是一个指向 monitoringItem 指针列表的指针。在原有的 STEP-NC 实体 C++ 类库中,自适应控制(adaptive_control)实体被映射为布尔(boolean2)类型变量,在本书中新定义了对应的 adaptiveControl 类,作为所有自适应控制测量的父类。

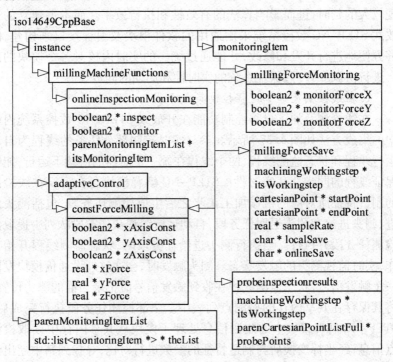

图 4.36　加工过程信息 STEP–NC 数据模型 C++类

4.6.3　开放式 STEP–NC 数控系统加工过程控制功能集成

现有的大多数机床数控系统都属于封闭式系统,其核心功能部分固化在硬件内部,只有很少的接口可供外部计算设备使用。所以,在封闭式数控系统基础上实现在线检测、实时监测和加工过程控制,需要在数控系统外部设置数据采集装置与数据分析装置,读取检测点信息、实时采集切削力和分析以上信息,以离线的方式调整工艺计划,或计算出切削参数的调整量并输入数控系统,再由数控系统完成运动控制。由于加工过程控制算法与插补算法在不同的系统中实现,无法利用统一的机制对其进行协调和控制,难以保证加工过程控制的快速性和智能控制与插补运算在周期上的同步性。而且智能控制器检测到切削力出现波动时,需要通过外部接口将计算出的加工参数调整信号传输进数控系统,数控系统接收到调整信号之后再通过插补运算功能重新计算插补点位置并向驱动器发出指令,这一过程需要经历多个环节,可能出现较大的延时,进而影响算法的有效性和执行效率。而本书建立的开放式 STEP-NC 数控系统采用通用的软件模块及编程接口来构建,能够方便地进行开发和修改,并能通过统一的实时内核对各个模块的运行进行协调和管理,保证系统的实时性和周期的同步。

1. 在线检测及加工过程控制集成方法

在线检测及加工过程控制功能在开放式 STEP-NC 数控系统内核中的集成方法如图 4.37 所示。参与实时控制部分任务的线程为自动运行线程和状态监测线程,两个线程在统一定时器的协调下运行,能够保证线程的同步性和实时性。STEP-NC 解释模块会在需要在线检测的制造特征所对应的机械加工工步之后生成检测任务段,包括测头快进、测头进给和测头退回任务段,自动运行线程从任务段队列中提取出检测任务段并执行。当执行测头进给任务段时,状态监测线程开始工作,实时监视测头的触发状态。测头触发时,会通过外设通信模块发回一个触发信号,状态监测线程在收到触发信号时记录当前的测头位置,将其保存在共享内存的检测点列表中。全部检测任务段执行完成后,STEP-NC 解释模块中的监测信息处理子模块从共享内存中读取检测点信息,经坐标变换后与制造特征的参数进行对比,寻找到其中超出公差范围的点,然后插入修补工步。误差区域的修补策略为快速进给与切削进给结合,首先将刀具快速移动到误差区域,然后转为工步进给速度对误差区域进行二次加工,之后再快速移动到平面区域外。最后,由文件解析模块提取全部检测点信息,动态建立加工过程信息 STEP-NC 实体的 C++ 类实例,更新 STEP-NC 文件的树形数据结构映射,保存到输出 STEP-NC 文件中。

2. 实时加工过程控制功能集成方法

金属切削过程具有复杂性和时变性,难以用经典控制理来建模和分析。人工智能算法对难以预测、无法用数学模型描述和动态特性不定的控制环境有更好的适应性,可以作为设计实时加工过程控制算法的基础。例如,神经网络、遗传算法和模糊逻辑等。神经网络和遗传算法等人工智能算法一般需要采用大量试验样本进行训练,当控制环境改变时,需要重新训练。同时,这类搜索算法需要占用大量的运算资源,而且可能出现不收敛的情况,会影响加工过程控制的快速性和实时性。执行模糊控制规则所需的计算量很小,控制系统快速性也较好,考虑到开放式 STEP-NC 数控系统的硬件平台计算能力和软件插补运算实时性,本书以模糊逻辑为基础建立了恒力铣削控制算法。为了提高模糊控制系统的稳定性和准确性,在模糊控制规则中引入了自调整因子。图 4.38 为具有自调整因子的模糊恒力铣削控制原理。

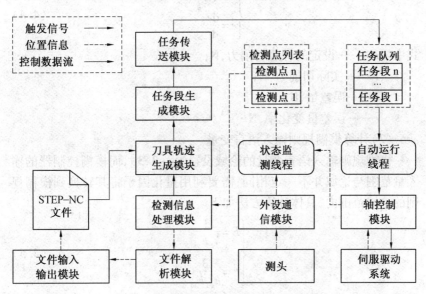

图 4.37　在线检测及加工过程控制功能集成方法

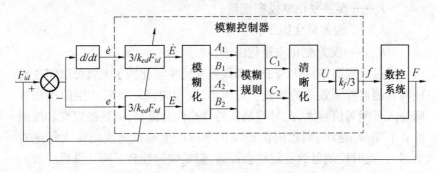

图 4.38　具有自调整因子的模糊恒力铣削控制原理

基于自调整因子模糊逻辑的恒力铣削控制算法,其输入语言变量为切削力误差和误差变化率,其输出语言变量为进给速度的调整量,具体工作流程如下：

（1）计算模糊控制器输入。

计算设定的理想切削力与实际切削力之间的误差和误差变化率，作为模糊控制器的输入，计算方法如下

$$\begin{cases} e = F_{id} - F \\ \dot{e} = \dfrac{\mathrm{d}e}{\mathrm{d}t} \end{cases} \tag{4.4}$$

式中　F_{id}——设定的理想切削力，N；

　　　F——实际切削力，N；

　　　e——误差量，N；

　　　$\dot{e}$——误差量变化率，$N \cdot s^{-1}$。

（2）计算模糊规则输入语言变量。

模糊规则输入语言变量的论域设置为$[-3,3]$，而模糊控制器的输入量范围与论域并不一定相同，需要利用量化因子将其转换到模糊规则的论域范围内，具体计算方法如下

$$\begin{cases} E = \dfrac{3}{k_e F_{id}} e \\ \dot{E} = \dfrac{3}{k_{ed} F_{id}} \dot{e} \end{cases} \tag{4.5}$$

式中　E——误差模糊变量；

　　　$\dot{E}$——误差变化率模糊变量；

　　　k_e——误差量化因子；

　　　k_{ed}——误差变化率量化因子，s^{-1}。

通过设置误差量化因子k_e和误差变化率量化因子k_{ed}，可以实现对模糊控制器控制效果的调整。k_e越小，则相同误差量所产生的模糊规则输入量绝对值越大，此时控制器的快速性会提高，但是稳定性和准确性会下降；k_{ed}越小，则相同误差变化率所产生的模糊规则输入量绝对值越大，此时控制器的稳定性会提高，但是快速性会下降。选择合理的量化因子，是保证模糊控制器性能的前提。在计算模糊控制规则输入时，将理想切削力作为分母，即以切削力误差相对于理想切削力的比值作为执行模糊规则的依据。用相对误差取代绝对误差作为模糊控制规则的输入，模糊控制器输入量的实际论域会随着设定的理想切削力的

变化而变化,能够提高模糊控制器的适应性。

(3)模糊规则输入语言变量模糊化。

根据输入语言变量的大小确定其语言值名称并计算其对于该语言值的隶属度。其中,模糊规则输入语言变量的论域被划分为间隔相等的 7 个语言值名称,分别为负大(NB)、负中(NM)、负小(NS)、零(O)、正小(PS)、正中(PM)、正大(PB),语言值隶属度函数采用三角形分布,如图 4.39 所示。本书所选用的隶属度函数存在重叠,一个语言变量的输入会对应相邻的两个语言值,对误差 E 进行模糊化时会产生语言值 A_1 和 A_2,对误差变化率 $\dot{E}$ 进行模糊化时会产生语言值 B_1 和 B_2,相应的隶属度分别计为 $\mu_{A_1}(E)$,$\mu_{A_2}(E)$,$\mu_{B_1}(\dot{E})$ 和 $\mu_{B_2}(\dot{E})$。

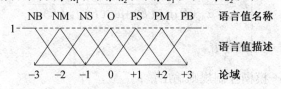

图 4.39　模糊规则隶属度函数

(4)计算模糊规则输出语言变量语言值。

本书采用的是带有自调整因子的模糊规则,计算方法如下

$$\begin{cases} C = -[\alpha A + (1-\alpha)B] \\ \alpha = \dfrac{1}{3}(\alpha_s - \alpha_0)|A| + \alpha_0 \\ (0 \leqslant \alpha_0 \leqslant \alpha_s \leqslant 1) \end{cases} \tag{4.6}$$

式中　A——误差模糊语言变量语言值;

　　　B——误差变化率模糊语言变量语言值;

　　　C——模糊规则输出语言变量语言值;

　　　α——自调整因子;

　　　α_s——自调整因子上限;

　　　α_0——自调整因子下限。

模糊规则输出语言变量的论域和语言值名称划分与输入语言变量相同。用较小的误差与误差变化率语言值,计算出模糊规则输出语言值 C_1,用较大的两个误差与误差变化率输入语言值,计算出模糊规则输出语言值 C_2。在利用误差和误差变量所对应的语言值,计算模糊规则输出的语言值时,自调整因子 α 用于调整输入量对输出量的影响权重。当误差较大时 α 值增大,此时会增加误差量对输出值的影响权重,产生较大的输出语言值,提高控制系统的快速性;当误差较小时 α 值减小,此时会增加误差变化率对输出值的影响权重,提高控制系统的稳定性和准确性。根据文献[115]的仿真结果,本书将其中的参数 α_0 和 α_s 分别设置为 0.45 和 0.85。

(5)计算模糊控制器输出。

本书以下一插补周期的进给速度调整量作为模糊控制器输出语言变量。首先利用"代数积-加法-重心法"方式计算模糊规则输出,然后再利用输出比例因子计算出实际的模糊控制器输出量,方法如下

$$\begin{cases} U = \dfrac{C_1\mu_{A_1}(E)\mu_{B_1}(\dot{E}) + C_2\mu_{A_2}(E)\mu_{B_2}(\dot{E})}{\mu_{A_1}(E)\mu_{B_1}(\dot{E}) + \mu_{A_2}(E)\mu_{B_2}(\dot{E})} \\ \dot{f} = \dfrac{k_f}{3}U \end{cases} \quad (4.7)$$

式中　U——模糊控制规则输出量;

　　　$\dot{f}$——进给速度调整率,mm/s^2;

　　　k_f——输出比例因子,mm/s^2。

输出比例因子 k_f 的作用是将模糊控制规则输出转换为实际的物理输出量,k_f 会影响模糊控制器的控制性能,选择较大的 k_f,则相同模糊控制规则输出所产生的控制量输出也越大,能够提升控制器的快速性。但是,过大的 k_f 会影响控制系统的准确性和稳定性,可能造成较大的超调或振荡。

本书所设计的基于自调整因子模糊逻辑的恒力铣削控制算法属于实时控制算法,需要在切削过程中实时采集切削力,计算工艺参数的调整量并传输给数控系统的运动控制部分。切削力监测与控制属于强实时任务,需要与插补运算协调进行才能保证实际切削力偏离预定值时,数控加工子系统能迅速做出响应。本书在原有插补算法的基础上集成所建立的恒力铣削控制算法,并与原有模块协调工作。数控系统的插补运算、运动控制和恒力铣削控制功能由同一个系统实现,并由统一的时钟周期管理器协调运行,在计算下一个插补点之前执行切削力采集、数据分析和加工参数调整等任务,以保证加工过程控制的实时性。本节将实时恒力铣削控制算法以 C++类的形式封装,然后集成到开放式STEP-NC 数控系统中的插补计算模块中。图 4.40 为 Fuzzyco-ntrol 类

恒力铣削控制程序。

```
class FuzzyControl
{
public:
  bool SetIdForce(double IF);
  bool SetCurForce(double CF);
  double GetFeedrate();
  FuzzyControl();
  virtual ~FuzzyControl();
private:
  void Getmembership(double X, double *M1, double *M2, double *U1, double *U2);
  double m_E;  double m_F;  double m_Fi;  double m_Ke;  double m_Ked;  double m_Ed;
  double m_Ep;  double m_A1;  double m_A2;  double m_B1;  double m_B2;  double m_a1;
  double m_a2;  double m_as;  double m_a0;  double m_C1;  double m_C2;  double m_U;
  double m_uA1;  double m_uA2;  double m_uB1;  double m_uB2;  double m_Kf;
};
```

图 4.40　FuzzyControl 类恒力铣削控制程序

恒力铣削控制算法 C++类的名称为 FuzzyControl，插补计算模块可以通过调用类的成员函数实现对切削力的控制。FuzzyControl 类的成员函数 SetIdForce 用于设置理想切削力，成员函数 SetIdForce 用于输入当前的切削力，成员函数 GetFeedrate 用于返回进给速度的变化量。而私有成员函数 Getmembership 用于计算语言变量对语言值的隶属度，私有成员变量用于保存模糊逻辑计算过程中所需的各种数据。实时加工过程控制功能在开放式 STEP-NC 数控系统软件内核中的集成方法，如图 4.41 所示。数控系统采用多线程运行机制，并通过统一的时钟周期管理器调度各个线程的运行，保证其运行周期的同步，其中的数据采集线程和运动控制线程是实现恒力铣削的主要线程。

任务生成模块从输入 STEP-NC 文件的主工作计划中提取的工步队列，并根据工步需要完成刀具轨迹生成、任务段生成和任务段传输等任务，在动态存储空间中建立任务段列表。自动运行线程依次提取队列中的任务段，并根据任务类型调用相应的插补运算功能。对于普通加工任务段，自动运行线程只需要按照预定的插补周期调用插补运算算法，并根据计算出的插补点位置向轴控制模块发送轴控制指令。当提取到智能切削任务段时，系统会启动数据采集线程，通过数据采集模块实时采集切削力信号并保存在动态存储空间中，自动运行线程从动态存储空间中获得切削力信号并传输给插补计算模块。插补计算模块在计算智能运动段的插补点位置之前,首先调用模糊恒力铣削控制算法,根据当前所采集的切削力信息计算进给速度的调整量,然后以新的进给速度进行插补运算。动态存储空间内的切削力信号数据除了被用于实施恒力铣削控制算法,还被数控系统的其他模块或线程所提取,用于在人机界面显示,或者与主轴转速、进给速度和对应的机械加工工步等信息相互关联,按照本书所定义的 STEP-NC 实体的形式保存到输出 STEP-NC 文件中。

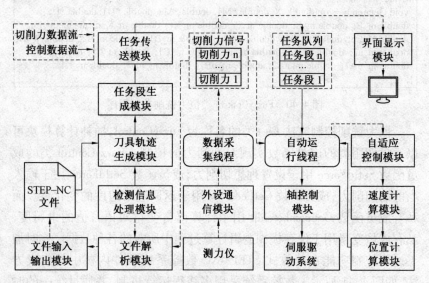

图 4.41　实时加工过程控制功能集成方法

3. 加工过程控制任务运行机制

在构建系统协调模块时,采用有限状态机的方法来管理系统的运行。有限状态机用于管理和协调响应式系统的运行,由状态、转移、事件和动作构成,如图 4.42 所示。

图 4.42 中左上部分为系统协调模块主进程的有限状态机,数控系统解释 STEP-NC 文件时处于"自动"状态,当 STEP-NC 解释模块调用任务生成模块接口方法开始传送刀具轨迹时,即进入"循环"状态。集成加工过程控制功能之后,需要扩充原有的有限状态机,包括插补计算模块中的实时自适应加工过程控制有限状态机、任务协调模块中的实时数据采集有限状态机和测头状态监测有限状态机。如果系统协调模块提取的任务段属于自适应控制任务段,系统协调主进程会发出"监

测开始"事件以激活数据采集线程。数据采集线程会按照指定的采集周期实时采集传感器反馈的数据。同时,插补计算模块在进行插补计算时会对比当前切削力与理想切削力的数值,如果两者不相等,则发出"开始调整"事件,并调用自适应控制算法实时调整切削参数,再发出"调整完成"事件继续插补计算。插补计算模块会在"插补"和"调整"两个状态之间循环切换,直至实际切削力等于理想切削力。如果系统协调模块提取的任务段属于在线检测任务段,系统协调主进程会发出"检测开始"事件以激活状态监测线程。状态监测线程根据当前的测头触发信号将有限状态机的状态转移到"未触发"或"触发"。如果有限状态机处于"未触发"状态,状态监测线程继续监控测头的状态,当测头与被测对象接触发出触发信号,发出"触发"事件,并记录测头的位置,之后继续监测过程,直至整个检测过程完成,系统发出"检测结束"事件为止。

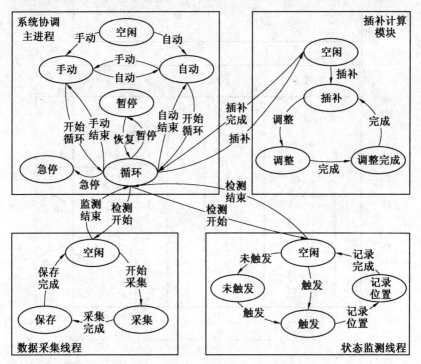

图 4.42　加工过程控制有限状态机

4.7　STEP-NC 制造特征加工实验

为了验证本书所提出的开放式 STEP-NC 数控系统,对制造特征的识别与加工功能,选取了一个包含多个制造特征的工件进行加工。实验工件包含 6 个制造特征,位于上表面的 3 个区域内,如图 4.43 所示。所采用的刀具为直径 10 mm 的 3 齿高速钢立铣刀。

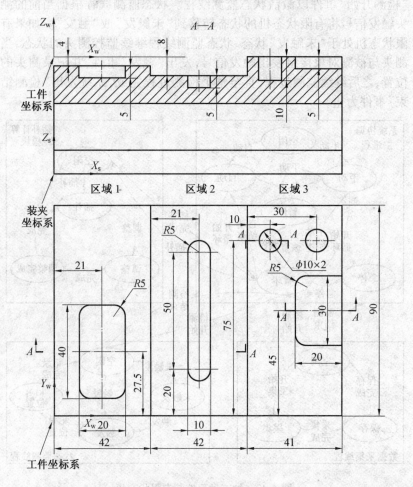

图 4.43　包含多个制造特征的工件

　　机床坐标系按照工件装夹之后的相对位置确定,可通过试切、对刀或测头测量的方式来获得。工件底座用于将工件装夹在夹具上,装夹坐标系原点位于底座的左下角点,方向与机床坐标系相同。工件坐标系原点位于区域 1 上未加工平面的左下角点,方向与机床坐标系相同。特征坐标系按照各个特征的位置和定义来设置。加工进行之前,区域 1 与区域 3 的上表面位于同一高度,即工件坐标系中 $z=0$ mm 的 XY 平面,而区域 2 的上表面预先加工至工件坐标系中 $z=-8$ mm 的 XY 平面的高度,通过为制造特征设置不同的位置和高度来验证本书所构建的开放式 STEP-NC 数控系统对特征位置的识别功能。

　　区域 1 中有两个制造特征,包括一个平面特征(planar_face)和一个闭式型腔特征(closed_pocket)。平面特征的特征坐标系原点位于工件坐标系的(0.0,0.0,0.0)点,方向与工件坐标系相同,特征深度为 $z=-4$ mm。平面的扫描路径(course_of_traval)为线型路径(linear_path)形状,长度 90 mm。去除边界(removal_boundary)为线型轮廓(linear_profile)形状,宽度 42 mm。闭式型腔特征的特征坐标系原点位于工件坐标系的(21.0, 27.5, -4.0)点,方向与工件坐标系相同,特征深度为 $z=-5$ mm。型腔的特征边界(feature_boundary)为矩形封闭轮廓类型(rectangular_closed_profile),底面类型(bottom_condition)为平面底面类型(planar_pocket_bottom_condition),正交过渡半径(orthogonal_radius)为 5 mm。区域 2 的制造特征为槽(slot),特征坐标系原点位于工件坐标系的(63.0,20.0,-8.0)点,方向与工件坐标系相同,特征深度为 $z=-5$ mm。槽的截面扫描形状(swetp_shape)为线型轮廓(linear_profile),宽度 10 mm,扫描路径(course_of_traval)为线型路径(linear_path),长度 50 mm,槽两端的端面类型(end_condition)均为半圆形类型(radiused_slot_end_type)。区域 3 的制造特征包括一个开式型腔(open_pocket)和两个圆孔(round_hole)。开式型腔的特征坐标系原点位于工件坐标系的(125.0, 45.0, 0.0)点,方向与工件坐标系相同,特征深度为 $z=-5$ mm。型腔的开式边界(open_boundary)为直角 U 形轮廓(square_u_profile),轮廓的宽度(width)为 30 mm,第一边夹角(first_angle)和第二边夹角(second_angle)均为 0 度,第一边圆弧半径(first_radius)和第二边圆弧半径(second_radius)均为 5 mm。型腔的端面边界(wall_boundary)为线型轮廓(linear_profile),宽度 30 mm。两个圆孔的尺寸参数相同,直径(diameter)为 10 mm,底面形状(bottom_condition)为平底孔类型(flat_hole_bottom),特征坐标系原点分别位于工件坐标系的(94.0, 75.0, 0.0)点和(114.0, 75.0, 0.0)点,方向与工件坐标系相同,特征深度均为 $z=-10$ mm。

零件加工所需的 STEP-NC 文件如图 4.44 所示。由于原文件行数较多,在此只截取了其中的关键信息,包括工程、工作计划、机械加工工步、制造特征和加工操作。在 STEP-NC 文件中,实体实例之前的编号只用于搜索实体,而不是按照编号顺序执行。为便于描述,在图中将同类型的实体放置在相邻的位置。实验工件中共有 6 个制造特征,每个制造特征对应一个加工操作,一个制造特征与加工操作的组合构成一个机械加工工步。在工作计划的可执行结构列表中,共有 6 个机械加工工步,编号分别为#10、#14、#1014、#2014、#3011 和#4011。平面对应的加工操作为平面铣削(plan_finish_milling),两个型腔和一个槽所对应的加工操作为底面与侧面铣削(bottom_and_side_finish_milling),而孔所对应的加工操作为钻削(drilling)。加工操作还通过实体编号链接了加工技术、加工功能和刀具等信息。

在实验中,通过人机界面读入 STEP-NC 文件,然后点击 STEP-NC 解释子窗口的操作按钮,依次调用 STEP-NC 解释接口的方法,完成文件解析、文件解释、刀具轨迹生成、任务传送和任务执行。STEP-NC 解释模块从 STEP-NC 文件#2 行的主工作计划中提取出机械加工工步列表,之后依次执行列表中的工步。每一个工步对应一个制造特征和加工操作,数控系统根据制造特征实体的属性列表中的信息,确定制造特征的尺寸参数和特征坐标系位置,然后从加工操作实体的属性列表中获得每个工步的切削速度和进给速度等工艺参数数据。STEP-NC 解释模块在线生成用于加工制造特征和连接相邻两个工步的刀具轨迹,传送任务段并驱动机床完成加工。在加工过程中,数控系统在安全平面上快速将刀具移动到制造特征加工的起始点,之后以加工操作的进给速度和主轴转速切入,按照走刀策略完成对该制造特征的加工,退回到安全平面,快进到下一个制造特征加工的起始点继续切削过程,直至完成对所有制造特征的切削。零件的加工过程和加工结果如图 4.45 所示,数控系统能按照每一个加工工步的参数,确定制造特征的位置,并按照指定的工艺参数完成切削过程。实验结果表明,本书所构建的开放式 STEP-NC 数控系统能够正确读取 STEP-NC 文件中的信息,准确识别出机械加工工步、制造特征和加工操作等实体,并完成加工任务。

```
ISO-10303-21;
HEADER;
FILE_DESCRIPTION(('TEST PART 1'),'1');
FILE_NAME('TESTPART1.STP','2015-07-01',('HU PO'),('RDNCT, HIT'),$,'ISO 14649',$);
FILE_SCHEMA(('MACHINING_SCHEMA','MILLING_SCHEMA'));
ENDSEC;
DATA;
#1= PROJECT('EXECUTE EXAMPLE1',#2,(#4),$,$,$);
#2= WORKPLAN('MAIN WORKPLAN',(#10,#14,#1014,#2014,#3011,#4011),$,#8,$);
#4= WORKPIECE('SIMPLE WORKPIECE',#6,0.010,$,$,$,());
……
#10= MACHINING_WORKINGSTEP ('WS FINISH PLANAR FACE1', #62, #16, #19, $);
#14= MACHINING_WORKINGSTEP ('WS FINISH POCKET1', #62, #18, #23, $);
#1014= MACHINING_WORKINGSTEP('WS FINISH POCKET2',#62,#1018,#1023,$);
#2014= MACHINING_WORKINGSTEP('WS FINISH SLOT',#62,#2018,#2023,$);
#3011= MACHINING_WORKINGSTEP('WS DRILL HOLE1',#62,#3017,#3020,$);
#4011= MACHINING_WORKINGSTEP('WS DRILL HOLE2',#62,#4017,#4020,$);
……
#16= PLANAR_FACE ('PLANAR FACE1', #4, (#19), #77, #63, #24, #25, $, ());
#18= CLOSED_POCKET ('POCKET1', #4, (#23), #84, #65, (), $, #27, $, #28);
#1018= OPEN_POCKET('POCKET2',#4,(#1023),#1084,#1065,(),$,#1027,$,$,#1028);
#2018= SLOT('SLOT',#4,(#2023),#2084,#2065, #2027,#2028,( #20138, #20139));
#3017= ROUND_HOLE('HOLE1 D=10MM',#4,(#3020),#3081,#3064,#3058,$,#3026);
#4017= ROUND_HOLE('HOLE2 D=10MM',#4,(#4020),#4081,#4064,#4058,$,#4026);
……
#19= PLANE_FINISH_MILLING ($, $, 'FINISH PLANAR FACE1', 10.000, $, #39, #40,
    #41, $, $, $, $, 5, $);
#23= BOTTOM_AND_SIDE_FINISH_MILLING ($, $, 'FINISH POCKET1', 10.000, $,
    #129, #52, #41, $, $, $, $, $, $, $);
#1023= BOTTOM_AND_SIDE_FINISH_MILLING($,$,'FINISH POCKET2', 10.000, $,
    #129, #1052, #1041,$,$,$,$,$,$,$,$);
#2023= BOTTOM_AND_SIDE_FINISH_MILLING($,$,'FINISH SLOT', 10.000, $, #129,
    #2052, #2041,$,$,$,$,$,$,$,$);
#3020= DRILLING($,$,'DRILL HOLE1',10.000,$,#3044,#3045,#3041,$,$,$,$,$,$);
#4020= DRILLING($,$,'DRILL HOLE2',10.000,$,#4044,#4045,#4041,$,$,$,$,$,$);
……
ENDSEC;
END-ISO-10303-21;
```

图 4.44　STEP-NC 文件

图 4.45　上表面制造特征铣削加工

4.8　基于 STEP-NC 的在线检测及加工过程控制实验

为了验证本书所提出的开放式 STEP-NC 数控系统的在线检测及加工过程控制功能,选取了一个包含刚度薄弱区域的工件进行加工、在线检测和加工过程控制实验,工件形状和尺寸示意如图 4.46 所示。工件下半部分的底座用于装夹。实验中的 STEP-NC 装夹坐标系原点位于工件底座的左下角点,方向与机床坐标系相同。工件坐标系原点位于上表面的左下角点,方向也和机床坐标系相同。被加工的制造特征为平面(planar_face),位于工件上半部分与机床坐标系 X-Z 平面平行的位置。按照 STEP-NC 标准中的定义,平面特征的特征坐标系 Z 轴应当与平面垂直,去除边界(removal_boundary)属性的方向与 X 轴平行,扫描路径(course_of_traval)属性的方向与 Y 轴平行。一般情况下,以较窄的边作为平面特征的去除边界,较长的边作为平面特征的扫描路径。平面特征的特征坐标系原点位于工件坐标系的(0.0, 0.0, 0.0)点,平面特征的特征坐标系 X 轴正方向指向工件坐标系的-Z 方向,平面特征的特征坐标系 Y 轴正方向指向指向工件坐标系的 X 方向,根据右手定则,平面特征的特征坐标系的 Z 轴方向指向工件坐标系的-Y 方向。实验中,平面特征所对应的加工操作为侧铣操作(side_finish_milling),所采用的刀具为直径 10 mm 的 3 齿高速钢立铣刀,加工方法为顺铣。在工件上半部分预先加工出一个通槽,使得平面特征上存在一个刚度薄弱区域,在加工时会因为切削力变形而导致尺寸误差。而本书所建立的开放式 STEP-NC 数控系统会在侧铣加工工步结束后在线检测平面特征的尺寸,识别出尺寸超过公差要求的部分,并在线加入一个修补工步对其进行修补。

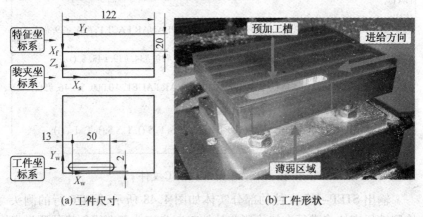

(a) 工件尺寸　　　　　(b) 工件形状

图 4.46　工件形状与尺寸

　　包含在线检测功能的输入 STEP-NC 文件,如图 4.47 所示。由数控系统读取和执行。从机械加工工步#23 可搜索到对应的平面特征#29,而平面特征所对应的机械加工操作为侧铣加工,编号为#45。根据输入 STEP-NC 文件的#51 行的在线检测与监测实体,数控系统在执行侧铣加工工步之后,需要在线对加工后的平面进行测量,并将测量结果与工步对应的制造特征相互关联。数控系统利用坐标变换矩阵将机床坐标系的检测点坐标值转换到特征坐标系中,通过与制造特征的参数对比识别出误差区域,然后在线加入一个修补工步。数控系统在线执行修补工步之后,会再次测量制造特征的尺寸,检查其尺寸是否符合公差要求。

　　在实验中,选取了两组不同的尺寸参数和加工参数进行加工、检测和修补。第一组加工的特征深度为 $z=-0.5\pm0.03$ mm,切削进给速度 100 mm/min,主轴转速 600 r/min,刀具轴向切削深度为 20 mm,刀具径向切削深度为 0.5 mm。第二组加工的特征深度为 $z=-0.1\pm0.02$ mm,切削进给速度 100 mm/min,主轴转速 600 r/min,刀具轴向切削深度为 20 mm,刀具径向切削深度为 0.1 mm。修补工步采用可变进给速度的方式执行,在尺寸符合公差要求的区域,采用 200 mm/min 的进给速度;而在误差超出公差要求的检测点左右 5 mm 的区域内,采用

100 mm/min的进给速度。

```
DATA;
......
#23 = MACHINING_WORKINGSTEP ('WS FINISH PLANAR FACE1', #24, #29, #45, $);
......
#29 = PLANAR_FACE ('PLANAR FACE1', #4, (#45), #30, #34, #39, #43, $, ());
......
#45 = SIDE_FINISH_MILLING ($, $, 'FINISH PLANAR FACE1', 10.000, $, #46, #50,
     #51, $, $, $, $, $, $, $);
......
#51 = ONLINE_INSPECTION_MONITORING (.T.,$,$,.F.,$,(),.T.,$,$,(),.T.,.F., ());
ENDSEC;
```

图 4.47　输入 STEP-NC 文件

　　输出 STEP-NC 文件的部分实体如图 4.48 所示,第#76 行的测头检测结果实体将进行在线检测前的加工工步实体和在线创建的测量点结果实体关联起来,#52 至#75 行的笛卡尔点实体保存了在线检测过程中的所有测量点在特征坐标系中的位置。检测点从特征坐标系 $X-Y$ 平面的(10.0, 2.0)点开始,沿 Y 轴呈直线分布,共有 24 个测量点,间隔为 5 mm。

```
DATA;
......
#23 = MACHINING_WORKINGSTEP ('WS FINISH PLANAR FACE1', #24, #29, #45, $);
......
#29 = PLANAR_FACE ('PLANAR FACE1', #4, (#45), #30, #34, #39, #43, $, ());
......
#45 = SIDE_FINISH_MILLING ($, $, 'FINISH PLANAR FACE1', 10.000, $, #46, #50,
     #51, $, $, $, $, $, $, $);
......
#51 = ONLINE_INSPECTION_MONITORING (.T.,$,$,.F.,$,(),.T.,$,$,(),.T.,.F., ());
#52 = CARTESIAN_POINT('INSPECT POINT, (10.0, 2.0, -0.488));
#53 = CARTESIAN_POINT('INSPECT POINT, (10.0, 7.0, -0.488));
......
#75 = CARTESIAN_POINT('INSPECT POINT, (10.0, 117.0, -0.472));
#76 = PROBE_INSPECTION_RESULTS(#23, (#52, #53, #54, #55, #56, ......, #75));
ENDSEC;
```

图 4.48　输出 STEP-NC 文件

　　包含测头检测结果实体的 STEP-NC 文件,可以传输到其他加工系统的子系统进一步处理,结果如图 4.49 所示。图 4.49 为在线误差区域识别与修补实验数据,图中的检测点的坐标值为特征坐标系中的位置,由于所有检测点的 X 坐标值均为 10.0 mm,因此只绘制了 Y-Z 平面的图像。机床的精度和环境因素对测量结果的影响机理比较复杂,不在本书的研究范围之内,且实验中所使用的机床定位精度为 0.003 mm,测头的触发精度为 0.002 mm,均远高于被测对象尺寸精度,所以本书只对检测点进行了坐标变换。

在实验中,选用的加工方法为顺铣,刀具运动方向为特征坐标系的 $-Y$ 方向。图 4.49 中的进给速度是从驱动器读取的时域信号,所以降速的区域在图像的偏右一侧。第一组实验加工后的检测数据如图 4.49(a)所示,在特征坐标系的 $y=27$ mm 到 $y=47$ mm 之间的检测点超出了上偏差。数控系统在线生成了一个修补工步,如图 4.49(c)所示,在特征坐标系的 $y=22$ mm 到 $y=52$ mm 之间的区域,采用 100 mm/min 的进给速度,而其他区域采用 200 mm/min 的进给速度。经过修补后的检测结果如图 4.49(e)所示,由检测结果可知,所有点的坐标都位于上下偏差之间。第二组实验加工后的检测数据如图 4.49(b)所示,与工步一相同,第一次加工后,在特征坐标系的 $y=27$ mm 到 $y=47$ mm 之间的检测点超出了上偏差。数控系统在线生成了一个修补工步,如图 4.49(d)所示,在特征坐标系的 $y=22$ mm 到 $y=52$ mm 之间的区域,采用 100 mm/min 的进给速度,而其他区域采用 200 mm/min 的进给速度。经过修补后的检测结果如图 4.49(f)所示,由检测结果可知,所有点的坐标都位于上下偏差之间。

从实验结果可以看出,本书所开发的 STEP-NC 数控系统能够将在线检测的测量结果与对应的 STEP-NC 制造特征相互关联,正确识别出加工工步执行后所产生的误差区域,通过在线加入和执行修补工步的方式对误差区域进行修复,并利用本书所定义的在线检测信息 STEP-NC 实体将检测信息与工艺计划信息和产品设计信息相互关联,最后以 STEP-NC 文件的形式输出。

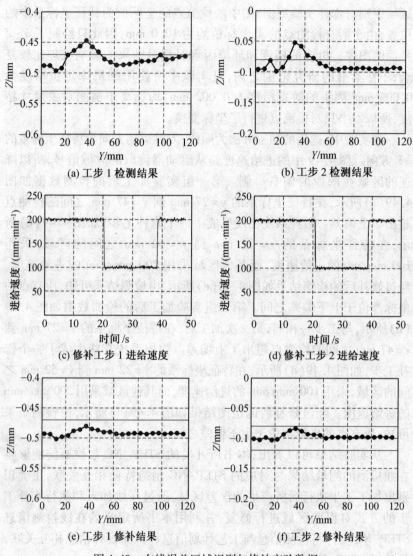

(a) 工步 1 检测结果　　　　　　　　　　(b) 工步 2 检测结果

(c) 修补工步 1 进给速度　　　　　　　　(d) 修补工步 2 进给速度

(e) 工步 1 修补结果　　　　　　　　　　(f) 工步 2 修补结果

图 4.49　在线误差区域识别与修补实验数据

4.9　基于 STEP-NC 的实时加工过程控制实验

本节将通过实验来验证所提出的开放式 STEP-NC 数控系统的实时加工过程控制功能,包括实时加工过程控制算法集成,数控系统对

STEP-NC 文件中实时加工过程控制任务的提取和执行,还有实时加工过程状态信息的反馈等。

4.9.1　模糊恒力铣削算法集成与验证

首先,在 C++中设计一个仿真程序,对 4.6.3 节 2 设计的模糊恒力铣削算法的实时性进行验证,以保证将其集成到插补计算模块中后不会影响正常的插补计算。仿真程序中创建一个 FuzzyControl 类的指针,并将理想切削力设置为 50 N。之后建立一个循环次数为 1000 的 for 循环,每一个循环周期中生成一个 0 到 100 范围内的随机数作为当前的实际切削力,通过 FuzzyControl 类指针调用模糊恒力铣削算法,计算进给速度的调整量并与当前的进给速度相加。在调用模糊恒力铣削算法之前和之后分别获取 CPU 运行计数器的数值,将两者相减并除以 CPU 计数器的时钟频率,即可以计算出算法所占用的计算时间。测试程序运行的平台与开放式 STEP-NC 数控系统所运行的硬件平台配置相同,CPU 型号为 Pentium IV 631,主频为 3.0 GHz,内存容量为 1 GB,仿真程序计算时间的测试结果如图 4.50 所示。图 4.50 为模糊恒力铣削算法计算时间。

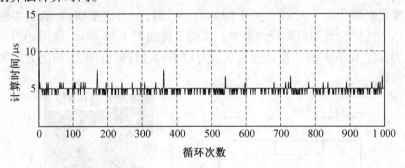

图 4.50　模糊恒力铣削算法计算时间

在仿真程序测试中,第一次循环时需要对一些变量进行内存分配和初始化,因此计算时间为 10.06 μs,从第 2 次循环开始,算法的计算时间稳定在 5 μs 左右。本书所构建的开放式 STEP-NC 数控系统软件内核的插补周期为 2.5 ms,模糊控制算法计算时间只占用插补周期的 1/500,因此将模糊控制算法集成到插补计算模块中,不会对插补算法的实时性造成影响。本书也对多线程实现恒力铣削算法的方式进行了试验,采用该实现方式时,需要另外建立一个实时定时器线程,对切削力信号进行分析并调整进给速度。此时,插补运算算法所在的线程和恒力铣削算法所在的线程都需要对进给倍率变量所在的内存地址进行读写操作,容易因内存地址读写冲突而导致系统停机。综上,在插补计算模块中集成模糊恒力铣削控制算法,能够更好地满足开放式 STEP-NC 数控系统运动控制的实时性要求。同时,考虑到机床的主轴和工作台都有较大的惯量,当数控加工子系统对切削参数做出调整之后,伺服驱动装置一般无法在下一个插补周期立刻达到预定值,而是需要一个加减速过程。所以在插补计算过程中,每 10 个插补周期才调用一次模糊恒力铣削算法,即 25 ms,以避免出现过大的超调量,或造成进给速度的振荡。

在本书所设计的模糊恒力铣削控制算法中有 3 个调整因子,包括输出比例因子 k_f、误差量化因子 k_e 和误差变化率量化因子 k_{ed},这 3 个调整因子的取值对算法的控制效果有重要影响。本节首先通过测试实验的方式对模糊控制算法的参数设置及其控制效果进行分析和讨论。而误差量化因子 k_e 设置为 0.9,即认为实际切削力超出或小于理想切削力 90% 时,误差为正大或负大。然后将比例因子调整因子 k_f 和误差变化率量化因子 k_{ed} 设置为不同的值,并进行恒力铣削实验,通过实验结果选择合理的模糊规则参数。实验工件如图 4.51 所示,选用的刀具为直径 10 mm 的 3 齿高速钢立铣刀对平面进行侧铣加工,切削方式为顺铣。

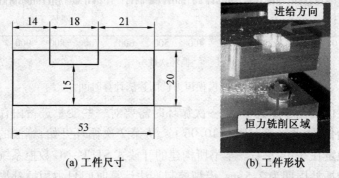

(a) 工件尺寸　　　　　　(b) 工件形状

图 4.51　实验工件(出版时请将图题中的英文去掉)

在工件上预先加工出一个缺口,使得切削过程中轴向切削深度会

在 20 mm 和 15 mm 之间突变,主轴转速设置为 600 mm/min,径向切削
深度 0.2 mm,理想切削力设置为 50 N。在实验中,切削力的采集频率
为 1 000 Hz,即采集周期为 1 ms,而插补周期为 2.5 ms。在采集切削力
时,根据主轴转速对切削力信号实时进行平均值滤波,计算方法为

$$\begin{cases} F_k = \dfrac{1}{m} \sum_{i=k-m}^{k} F_{ci} \\ m = \left[\dfrac{60}{n \times t_c} \right] \end{cases} \tag{4.7}$$

式中　F_k——第 k 个采集周期时的平均切削力,N;

　　　m——计算平均切削力所取的采集周期数;

　　　F_{ci}——第 i 个采集周期的实际切削力值,N;

　　　n——主轴转速,r/min;

　　　t_c——切削力采集周期,s。

实验结果如图 4.52 所示,图 4.52 为模糊规则参数的对比。其中
的切削力信号经过了平均值滤波,图中的副标题格式为"$k_e - k_f - k_{ed}$"。
从测试实验结果可以看出,当 $k_f = 20$ mm/s^2 时,进给速度会出现明显波
动,在某些参数组合下还出现了剧烈的振荡;当 $k_f = 8$ mm/s^2 时,进给速
度的波动有明显下降,但是依然不够稳定;而 $k_f = 4$ mm/s^2 时,进给速度
处于比较平稳的状态。当 $k_{ed} = 20$ s^{-1} 时,进给速度容易出现波动;当
$k_{ed} = 8$ s^{-1} 时,系统的稳定性较好;当 $k_{ed} = 4$ s^{-1} 时,控制系统容易出现不
准确的情况。经过对比,最终选择的模糊控制器的参数分别为 $k_e =$
0.9,$k_f = 4$ mm/s^2,$k_{ed} = 8$ s^{-1}。

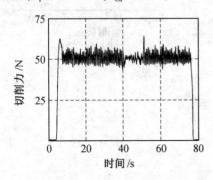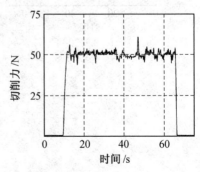

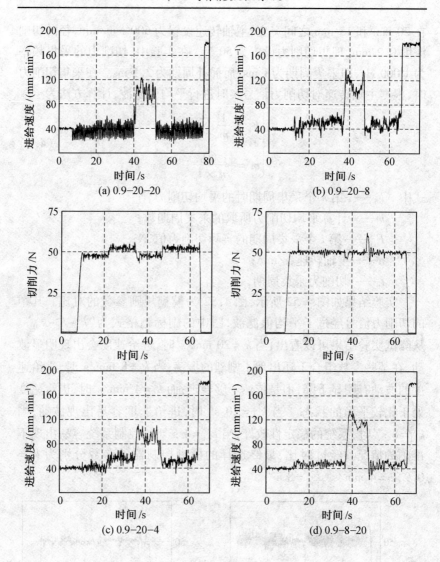

(a) 0.9-20-20

(b) 0.9-20-8

(c) 0.9-20-4

(d) 0.9-8-20

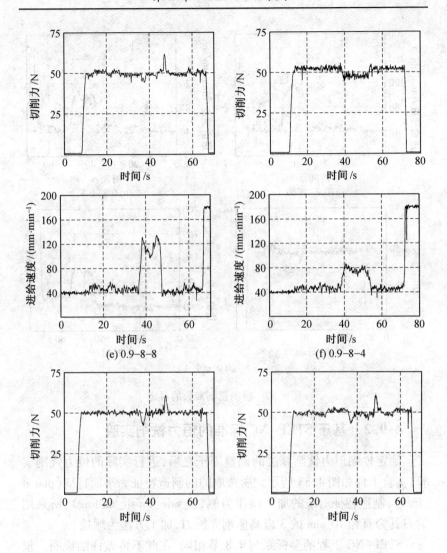

(e) 0.9-8-8　　　　　　　　　　　(f) 0.9-8-4

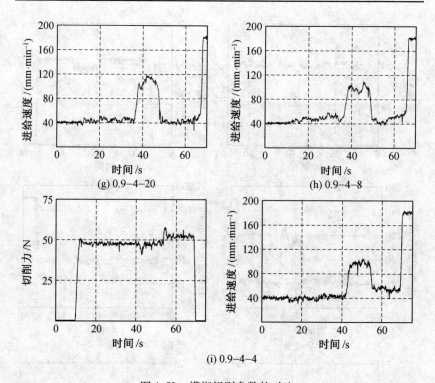

图 4.52　模糊规则参数的对比

4.9.2　基于 STEP-NC 标准的恒力铣削实验

确定模糊恒力铣削算法的调整因子之后,进行实际的恒力铣削实验,实验工件如图 4.53 所示。所选取的的制造特征为平面特征(planar_face),制造特征对应的加工操作为侧铣(side_finish_milling),所采用的刀具为直径 10 mm 的 3 齿高速钢立铣刀,加工方法为顺铣。

STEP-NC 工程的坐标系与 4.8 节相同,在此不再做详细说明。根据两个工件的侧面形状,径向切削深度在加工过程中分别出现突变和渐变。恒力铣削的输入 STEP-NC 文件实例,如图 4.54 所示。根据输入 STEP-NC 文件的#51 行与#52 行,在加工过程中需要实时采集特征坐标系 Z 轴方向的铣削力。而工步对应的铣削加工功能属性中包含了自适应控制功能,对应#53 行的恒力铣削实体。恒力铣削实体描述了需要保持铣削力恒定的方向以及理想铣削力数值。加工结束后,数

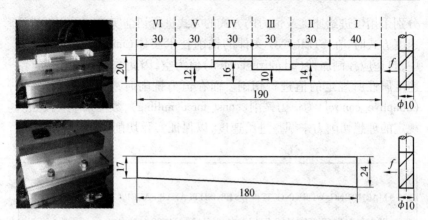

图 4.53　实验工件

控系统将所采集的切削力信号及其起始点和终点信息保存到输出
STEP-NC 文件中,如图 4.55 所示。STEP-NC 数控系统在工步执行结
束后,向输入 STEP-NC 文件树形结构中在线加入三个实体的 C++类
实例,用于保存切削力信息。其中,#56 行的铣削力保存实体保存了铣
削力数据所在的本地文件路径,而属性#54 和#55 分别以笛卡尔点坐标
的形式保存了实时监测开始和结束时刀具在平面特征坐标系中的位
置。铣削力保存实体的属性中还链接了铣削力所对应的工步#23,实现
了实时加工过程控制信息与高层 STEP-NC 信息的关联。

```
DATA;
......
#23 = MACHINING_WORKINGSTEP('WS FINISH PLANAR FACE1',#24,#29,#45,$);
......
#29 = PLANAR_FACE('PLANAR FACE1',#4,(#45),#30,#34,#39,#43,$,());
......
#45 = SIDE_FINISH_MILLING($,$,'FINISH PLANAR FACE1',8.0,$,#46,#50,#51,$,$,$,$,$,$);
......
#50 = MILLING_TECHNOLOGY(100.0,.TCP.,$,-1000.0,$,.F.,,.F.,,.F.,#53);
#51 = ONLINE_INSPECTION_MONITORING (.T.,$,$,.F.,$,(),.T.,$,$,(),.F.,.T., (#52));
#52 = MILLING_FORCE_MONITORING (.F., .F., .T.);
#53 = CONST_FORCE_MILLING(.F.,,.T.,,$,$,-50);
ENDSEC;
```

图 4.54　输入 STEP-NC 文件

　　本节在两个工件上分别进行了两组不同切削参数的实验,实验结
果如图 4.56 到图 4.59 所示。实验过程中的数据采集频率为 1 000
Hz,刀具切入时的进给速度统一设置为 40 mm/min。刀具切入工件后,

分别采用恒进给速度或恒力的方式的方式进行切削实验。采用恒进给速度方式时,在 STEP-NC 文件的铣削技术实体(milling_technology)中,自适应控制属性(adaptive_control)值为空,因此数控系统按照进给速度属性所规定的值进行切削。而在恒力铣削时,自适应控制属性(adaptive_control)为恒力铣削(const_force_milling),数控系统会按照所规定的理想切削力来调整进给速度,以保证实际切削力等于理想切削力。

```
DATA;
......
#23 = MACHINING_WORKINGSTEP('WS FINISH PLANAR FACE1',#24,#29,#45,$);
......
#29 = PLANAR_FACE('PLANAR FACE1',#4,(#45),#30,#34,#39,#43,$,());
......
#45 = SIDE_FINISH_MILLING($,$,'FINISH PLANAR FACE1',8.0,$,#46,#50,#51,$,$,$,$,$,$);
......
#50 = MILLING_TECHNOLOGY(100.0,.TCP.,$,-1000.0,$,.F.,.F.,.F.,#53);
#51 = ONLINE_INSPECTION_MONITORING (.T.,$,$,.F.,$,(),.T.,$,$,(),.F.,.T., (#52));
#52 = MILLING_FORCE_MONITORING (.F., .F., .T.);
#53 = CONST_FORCE_MILLING(.F.,.F.,.T.,$,$,-50);
#54 = CARTESIAN_POINT('START POINT',(21.0,-10.0,4.5));
#55 = CARTESIAN_POINT('END POINT',(21.0,200.0,4.5));
#56 = MILLING_FORCE_SAVE(#23,#54,#55,1000.0,'C:\\_OP\\Force_WS23-1.txt',$);
ENDSEC;
```

图 4.55　输出 STEP-NC 文件

在本书所开发的 STEP-NC 数控系统中,将进给速度的调整范围限制在 20~180 mm/min。如果进给速度提高到 180 mm/min 时切削力依然小于理想切削力,则不再提高进给速度,以保证表面质量不会因为进给速度的变化而出现较为明显的下降。按照特征坐标系的定义,平面特征 Z 轴方向的铣削力都为负值,为了便于查看,在图中的切削力值均为绝对值,同时对力信号做了平均值滤波处理。

第一组实验的切削条件为刀具轴向切削深度突变,平面特征的深度为 $z=-0.2$ mm。恒进给速度铣削的参数:主轴转速为 600 r/min,进给速度为 100 mm/min,实验数据如图 4.56(a)所示;恒力铣削的参数:主轴转速为 600 r/min,Z 轴方向的理想切削力为-30 N,实验数据如图 4.56(b)所示。从图中可以看出,在恒力铣削时,轴向切削深度发生突变时,切削力会有瞬时变化,数控系统立刻调整进给速度,使得切削力稳定在 30 N 附近。在轴向切削深度为 10 mm 的区域内,进给速度已经达到上限为 180 mm/min,因此没有继续提升进给速度。

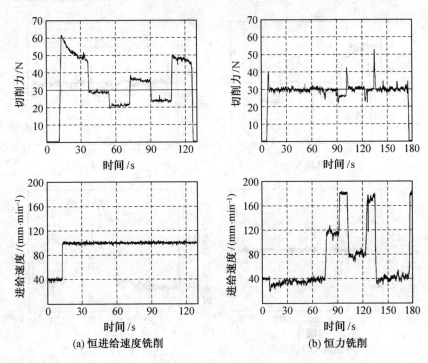

(a) 恒进给速度铣削　　　　　　(b) 恒力铣削

图 4.56　恒力铣削实验 1

　　第二组实验的切削条件为刀具轴向切削深度突变,平面特征的深度为 $z=-0.5$ mm。恒进给速度铣削的参数:主轴转速为 1 000 r/min,进给速度为 100 mm/min,实验数据如图 4.57(a)所示;恒力铣削的参数:主轴转速为 1 000 r/min,Z 轴方向的理想切削力为 -50 N,实验数据如图 4.57(b)所示。从图中可以看出,在恒力铣削时,轴向切削深度发生突变时,切削力会有瞬时变化,数控系统立刻调整进给速度,使得切削力稳定在 50 N 附近。在轴向切削深度为 10 mm 和 12 mm 的两个区域内,进给速度已经达到上限为 180 mm/min,因此没有继续提升进给速度。

　　第三组实验的切削条件为刀具轴向切削深度渐变,平面特征的深度为 $z=-0.2$ mm。恒进给速度铣削的参数:主轴转速为 2500 r/min,进给速度为 100 mm/min,实验数据如图 4.58(a)所示;恒力铣削的参数主轴转速为 2 500 r/min,Z 轴方向的理想切削力为 -30 N,实验数据如图 4.58(b)所示。从图中可以看出,在恒力铣削时,数控系统会随着工

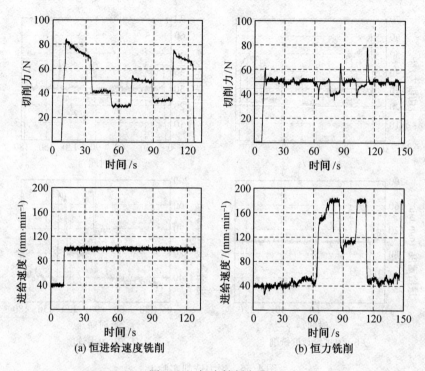

(a) 恒进给速度铣削　　　　　　　(b) 恒力铣削

图 4.57　恒力铣削实验 2

件的形状逐渐调整进给速度,使得切削力稳定在 30 N 附近。

　　第四组实验的切削条件为刀具轴向切削深度渐变,平面特征的深度为 $Z = -0.5$ mm。恒进给速度铣削的参数:主轴转速为 2500 r/min,进给速度为 100 mm/min,实验数据如图 4.59(a)所示;恒力铣削的参数:主轴转速为 2500 r/min,Z 轴方向的理想切削力为 -50 N,实验数据如图 4.59(b)所示。从图中可以看出,在恒力铣削时,数控系统会随着工件的形状逐渐调整进给速度,使得切削力稳定在 50 N 附近。

　　经过实验验证,说明本书所建立的开放式 STEP-NC 数控系统能够正确解释包含实时加工过程控制任务的 STEP-NC 文件,从中提取出相关的信息并执行文件中的加工、实时监测和实时加工过程控制任务。本书所提出的实时加工过程控制实现方法能够将实时自适应控制算法与插补计算算法集成在同一软件内核模块中,并保证两者的协调运行,无论是在刀具轴向切削深度突变和渐变的切削条件下,都能将实际的切削力稳定在 STEP-NC 实体中设置的理想切削力附近。本书所定义的实时加工过程状态信息 STEP-NC 数据模型可以与 STEP-NC 标准中已有的工艺计划信息和产品设计信息相互关联,并以 STEP-NC 文件的形式输出,实现完整产品加工信息的集成。

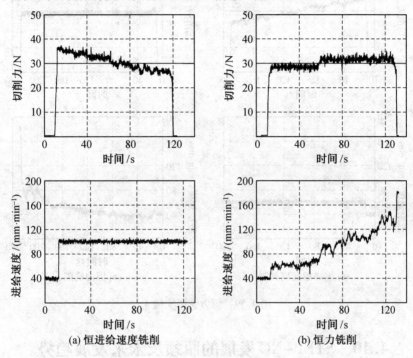

(a) 恒进给速度铣削　　　　　　　(b) 恒力铣削

图 4.58　恒力铣削实验 3

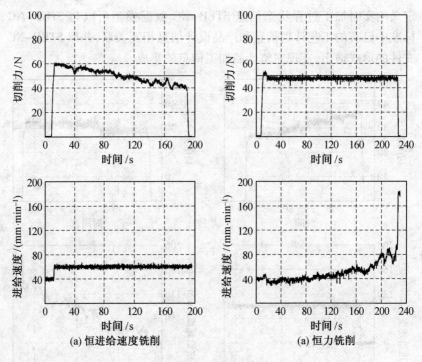

图 4.59   恒力铣削实验 4

4.10   STEP-NC 发展的瓶颈及未来发展趋势

经历了十多年的发展与推广,STEP-NC 标准的信息模型已经基本能够满足铣削、车削和电火花等常用加工领域的工艺信息描述需求。一些 CAD/CAM 厂商和 CNC 厂商也开发出了相关的产品,来支持 STEP-NC 标准在制造业的应用。目前,STEP-NC 标准的发展中还存在以下几个问题:

(1)STEP-NC 的优势有待提高。

STEP-NC 的优势在于数据的完整性与中立性,能够实现 CAD,CAM 和 CNC 之间的数据传输。而在大多数应用环境下,CAD,CAM 和 CNC 系统一般是各自独立的,CAD 和 CAM 系统在生成 STEP-NC 文件时引入了大量的专用信息,而 CNC 系统的角色依然只是加工任务的执行者。这种加工方式虽然利用了一些高级信息,但是与后置处理生成

G 代码的加工方式没有本质区别。

（2）STEP-NC 在某些方面缺点成熟软件。

主流的 CAD/CAM 软件都具备生成 AP-203/AP-214 文件的功能，但是在对 AP-203 文件进行制造特征识别以及生成 AP-238 文件方面，还没有很成熟的软件。

（3）需要开发相应的 STEP-NC 插件。

由于目前的生产企业所拥有的大部分 CNC 系统都不支持 STEP-NC 数据模型，而且对于封闭式的数控系统，无法通过简单升级或开发使其具备读取 STEP-NC 的功能。为了使得现有生产设备不至于被淘汰，需要为 CAM 软件系统开发相应的 STEP-NC 插件，使其能够将 STEP-NC 转换为数控系统可以识别的中间文件，所以在 CAD/CAM 到 CNC 之间依然存在信息传输的瓶颈。

STEP-NC 标准将成为未来制造业的主流，其发展趋势主要有以下几点：

①CAD，CAM 和 CNC 系统将向着集成化的方向发展，使得产品的设计、工艺规划和加工不再是被严格区分开的独立环节，而是通过大量的数据交互，实现产品加工过程的闭环。

②CNC 系统的将向着智能化方向发展，不再只是加工任务的执行者，而是具有 STEP-NC 解释、信息采集、信息处理、加工过程控制和信息反馈等功能的智能型 STEP-NC 数控系统。

③网络化、全球化和云制造等新兴制造方式将得到进一步发展，利用 STEP-NC 标准与 STEP 标准支持网络化传输的特性，打破地理上的阻隔，协调利用企业在全球不同地区的资源以及实现不同企业之间的协作。

第5章　数控系统的智能化

5.1　智能数控系统与智能加工的关系

5.1.1　智能数控系统

21世纪的数控装备将是具有一定智能化的系统。所谓智能化数控系统,是指在数控系统中具有模拟、延伸、扩展的拟人智能特征。例如,自学习、自适应、自组织、自寻优、自修复等智能化在数控系统中最初的应用体现在人机交互方面,比如自动编程系统。目前,它的研究更多地集中在数控加工过程中,通过对影响加工精度和效率的物理量进行检测、特征提取、模型控制,快速做出实现最优目标的智能决策,对主轴转速、切削深度、进给速度等工艺参数进行实时控制,使机床的加工过程处于最优状态。

智能数控系统属于典型的反应式系统,它可以根据输入的信息(例如,NC程序、加工反馈信息)控制机床移动并实现机床工作(例如,轴运动、换刀等)。因此,所有的行为都是可以预见的。对于OMAC的应用程序接口,智能数控系统控制器中的行为是以有限状态机来进行体现的。一个有限状态机的执行步代表了一种行为方式,这些行为根据输入和输出,设定了一系列由相关的行为定义的规则。此处,以插补执行和自适应控制的有限状态机函数流为例进行说明,如图5.1与图5.2所示。

5.1.2　智能加工

智能加工技术是指借助先进的检测、加工设备及仿真手段,实现对加工过程的建模、仿真、预测,对加工系统的监测与控制;同时集成现有加工知识,使得加工系统能根据实时工况自动优选加工参数、调整自身状态,获得最优的加工性能与最佳的加工质量。

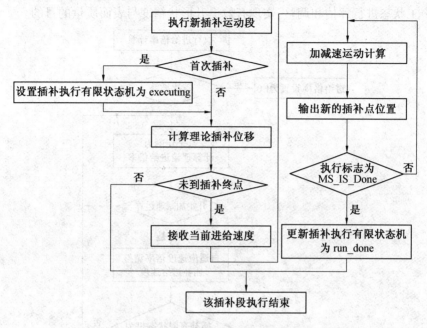

图 5.1　插补执行有限状态机函数流

　　在生产实践中,数控加工过程并非一直处于理想状态,而是伴随着材料的去除出现多种复杂的物理现象。例如,加工几何误差、热变形、弹性变形以及系统振动等。加工过程中经常出现的问题是,使用零件模型编程生成的"正确"程序,并不一定能够加工出合格、优质的零件。正是由于上述各种复杂的物理现象,导致了工件的形状精度和表面质量不能满足要求。在产品的生产制造中,一旦加工过程设计或工艺参数选择不合理,就会导致产品加工表面质量差、设备加工能力得不到充分发挥,同时机床组件及刀具的使用寿命也会受到影响。产生上述问题的原因在于,传统加工过程中,一般只考虑了数控机床或者加工过程本身,缺乏对机床与加工过程中交互作用机理的综合考虑,而这种交互作用又经常产生难以预知的效果,大大增加了加工过程控制的难度。为解决上述问题,必须将机床与加工过程一起考虑,对交互作用进行建模与仿真,进而优化加工过程,改进加工系统设计,减少加工过程中的缺陷。同时,借助先进的传感器技术和其他相关技术装备数控机床,对加工过程中的工况进行及时的感知和预测,对加工过程中的参数与加工状态进行评估和调整,实现有效提升形状精度与表面质量的目的。

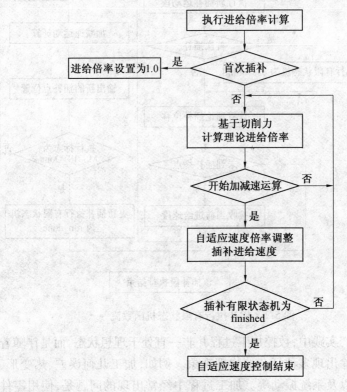

图 5.2　自适应控制有限状态机函数流

智能加工的技术内涵包括以下几方面:

1. 加工过程仿真与优化

针对不同零件的加工工艺、切削参数、进给速度等加工过程中影响零件加工质量的各种参数,通过基于加工过程模型的仿真,进行参数的预测和优化选取,生成优化的加工过程控制指令。

2. 过程监控与误差补偿

利用各种传感器、远程监控与故障诊断技术,对加工过程中的振动、切削温度、刀具磨损、加工变形以及设备的运行状态与健康状况进行监测;根据预先建立的系统控制模型,实时调整加工参数,并对加工过程中产生的误差进行实时补偿。

3. 通信等其他辅助智能

将实时信息传递给远程监控与故障诊断系统,以及车间管理 MES (Manufacturing Excution System)系统。以上流程的描述如图5.3所示。

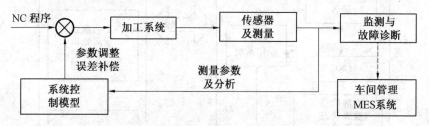

图5.3 过程监控与误差补偿实现

5.1.3 智能加工技术研究现状

智能加工技术已是现代高端制造装备的主要技术特征与国家战略重要发展方向,在美国及欧洲等发达国家倍受重视,近年来不断投入大量资金进行研究,典型研究计划有 PMI 计划、SMPI 计划和 NEXT 计划。

1. PMI 计划

PMI 计划由学术性团体——国际生产工程学会(CIRP,The International Academy for Production Engineering)发起,参加机构包括 CIRP 的相关成员单位以及德、法等国的大学。PMI 的研究内容主要包括:加工过程模型的建立与研究、设备的在线监控研究以及连接二者的工艺与设备交互作用的研究。其中加工过程建模方面的研究包括切削、磨削、成形过程的研究,设备在线监控包括智能主轴系统、刀具磨损预测等的研究,工艺与设备交互作用的研究包括交互作用的描述、仿真与优化,以及机床系统结构行为的研究。

2. SMPI 计划

SMPI 是美国政府支持的智能加工系统研究计划。该计划于 2005 年提出,参与单位包括美国宇航局(NASA,National Aeronautics and Space Administration of USA)、陆军武器装备研究发展与工程中心(ARDEC,Armament Research, Development and Engineering Center of USA)等政府部门,GE、波音、TechSolve 等公司,美国马里兰大学、德国亚琛工大等科研机构。SPMI 的研究内容包括基于设备的局部活动以及基于工艺的全局活动,如图5.4所示。

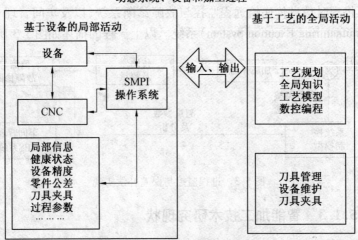

图 5.4　SPMI 的研究内容

3. NEXT 计划

NEXT 计划是由欧盟委员会第六框架研发计划支持的下一代生产系统研究计划,由欧洲机床工业合作委员会(CECIMO)管理。参加单位包括西门子、达诺巴特集团等机床生产企业,博世、菲亚特等终端用户企业,以及德国亚琛工大机床与生产工程研究所(WZL)、汉诺威大学生产工程研究所(IFW)、布达佩斯技术与经济大学(BUTE)等研究机构。

NEXT 计划中的第三部分涉及制造技术前沿的研究,主要包括加工仿真与新技术开发、新型机床研发、轻型结构及机床组件研究和并联机床研发等内容。加工仿真方面包括表面加工质量检测与切削参数优化、铣削/车削加工过程建模与仿真、超精密加工技术等方面的研究。新型机床研发包括高速机床研发、开放式数控系统以及光纤传感器应用等方面的研究。机床组件方面包括轻型材料机床组件、旋转轴准确度测定及空气静力轴承等的研究。

5.1.4　智能加工关键技术

1. 加工过程仿真与优化

加工过程的仿真与优化涉及数控系统伺服特性的分析、机床结构及其特性的分析、动态切削过程的分析,以及在此基础上进行的切削参数优化和加工质量预测等。

(1)机床系统建模。

通过机床结构建模与优化设计,可提高机床的运行精度、降低定位与运行误差,同时可进行误差的预测与补偿。主轴系统的建模分析可根据主轴结构预测不同转速下的刀具动刚度,以及基于加工稳定性分析结果优化选取加工参数、提高加工质量和效率。刀具方面,通过刀具结构的分析与优化设计,在加工过程中可以获得更大的稳定切深;通过刀具负载的优化,获得变化的优化进给,可以获得更高的加工效率与经济效益。

(2)切削过程仿真。

切削过程仿真借助各种先进的仿真手段,对加工过程中的切屑形成机理、力热分布、表面形貌以及刀具磨损进行仿真和研究。通过仿真选择优化的切削参数,提高表面加工质量。

(3)加工过程优化。

借助预先建立的仿真模型与优化方法,或者已有的经验知识,对复杂加工工况及加工过程中的切削参数、机床运动进行优化。例如,在整体叶盘的加工中,通过建立的分析模型预测不同工况下的切削状态及稳定性,优选合适的刀具姿态、切深、行距,保证加工过程的稳定,获得高的叶片表面加工质量。

(4)加工质量预测。

采用可视化方法对切削加工过程中形成的表面纹理及加工质量进行预测,为切削参数的优化选取提供支持,从而进一步提高工件表面的加工质量。从目前的研究来看,仿真正在朝着基于时变和物理模型的方向发展,通过仿真可以得到理论意义上的最优结果。但是,由于目前模型本身的不完善、加工过程的复杂性和加工形式的多样性,现有的仿真手段仍然难以满足实际工程的需要。同时,由于加工过程中出现的材料、机床、系统状态等方面的突发性情况,必须对加工过程进行实时监控,并进行误差补偿和现场控制。

2. 过程监控与误差补偿

加工过程监控借助先进设备对加工工况、工件、刀具与设备状态进行实时监测与控制,并将监测数据反馈给控制系统进行数据的分析与误差补偿。加工设备的性能表征是进行过程监控的前提,可定期通过测试设备与传感器测定设备的性能参数,并及时对系统性能参数库或知识库进行更新。在加工过程中,可借助各种传感器、声音和视频系统对加工过程中的力、振动、噪声、温度、工件表面质量等进行实时监测,根据监测信号和预先建立的多个模型判定加工状态、刀具磨损情况、机床工作状态与加工质量,进而进行切削参数的自动优化与误差补偿。同时,可将设备的健康状态信息通过通信系统传送至车间管理层(维护部门、采购部门等),根据健康状态进行及时维护,保障加工质量,减少停工时间。加工过程在线监控与优化如图 5.5 所示。

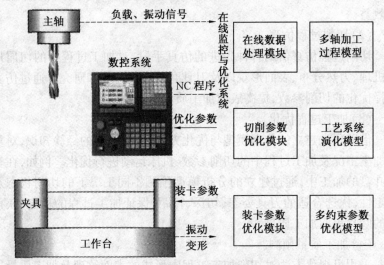

图 5.5　加工过程在线监控与优化

目前,绝大多数数控编程系统是基于产品几何模型来生成数控加工轨迹的,所解决的主要问题是走刀轨迹规划与运动干涉的处理。但这种数控编程技术难以解决高速加工运动学与机床复杂工艺系统的动力学问题。工艺系统在加工过程中具有时变特性——其动力学响应与加工过程中材料切除等因素引起的系统模态变化密切相关,这种现象在薄壁件的高速加工中对质量与稳定性的影响尤为显著。为解决上述问题,必须建立起加工过程模型,并开展基于该模型的新一代数控加工编程理论研究。加工过程模型包括由机床–刀具–工件–卡具构成的复杂工艺系统及其子系统的几何与运动学模型、动力学模型,以及与加工过程相关的刀具-工件子系统演化模型。通过上述模型的建立,对工艺系统的动力学特性进行分析,在此基础上进行工艺系统的控制及误差补偿。

3. 智能加工机床

智能加工机床借助微型传感器将机床在加工过程中产生的应变、振动、热变形等检测出来,传递给预先建立的模型,根据该模型进行数据的分析与误差补偿,从而提高加工精度、表面质量和加工效率。此外,智能机床也可进行人机对话,实现系统故障的远程诊断。

智能加工技术已是现代高端制造装备的主要技术与国家战略重要发展方向,它在加工设备与加工过程之间建立了一个纽带,为实现生产制造更高层次的自动化、科学化、智能化创造了条件。目前智能加工技术已在部分领域取得了较大进展,但面向实际的生产应用仍有一定差距。

5.2　智能数控系统实现技术

5.2.1　传感集成技术

传感器在数控机床及智能加工的各个方面都有很多的应用,例如,在位置检测、温度检测以及伺服系统等方面都有应用。传感器分传感与检测两部分,传感与检测是实现自动化控制、自动调节的关键环节,它与信息系统的输入端相连,并将检测到的信号输送到信息处理部分,是机电一体化系统的感受器官。

数控系统相关功能模块中包含若干非实时性和实时性任务。若智能加工中将过程参数采集的目的定位为界面监控及显示,则参数采集可确定为系统的非实时性任务;若将加工过程参数的采集定位为服务智能控制,则需将采集任务确定为实时性任务,且必须满足硬实时特性。原因如下:

加工过程最重要的实时任务为插补任务。由于插补周期一般为几毫秒,要保证智能控制与插补加工的有效协调,提高过程反馈的精度和效率,首先应保证自适应反馈信号的周期也保持在几毫秒之内;其次应满足过程采集任务与插补任务处在相同或相近的优先级。

Windows 操作系统无法实现过程参数采集的"硬实时"特性。硬实时系统在军事、核工业、一般工业等多个领域起着重要的作用,该类系统具备两个典型的特征:严格的实时性和高度的可靠性。实时是指在逻辑结果正确的前提下,在规定的时限内能够传递正确的结果,超时的结果即是错误。实时系统并非指系统"快速",它有限定的响应时间,从而使系统具有可预测性。"硬实时系统"与"软实时系统"的区别在于:前者能够保证高优先级的任务最先运行,在不满足响应时限、响应过早或不及时的情况下都会产生灾难性的后果(如航空航天系统);而后者则无法实现这种保证,在不满足响应时限时,系统仅是性能退化,但并不会导致灾难性的后果(如交换系统)。

若智能数控系统采用"软实时系统"实现过程参数采集,具体存在以下缺点:采集任务执行时能被 RTX 下的高优先级任务抢占,无法实现任务的硬实时性执行;随着采集数据容量的加大,使与其同属"软实时"任务的界面线程等负荷加重,进一步削弱了参数采集的实时性,存在易造成控制系统死机等问题。基于上述分析,本书采用基于 RTX 的实时过程参数采集方案,以实现智能控制的"硬实时"特性。

RTX 实现了确定性的实时线程调度、实时环境、与原始 Windows 环境之间的进程间通信机制,以及只在特定的实时操作系统中才有的对 Windows 系统的扩展特性。基于 RTX 的定时信号采集将其最小周期降到了 100 μs,并且提供了同步(与计时器)的时钟。最为关键的是,RTX 具有确保高优先级的任务首先执行,并不被低优先级程序中断、对所有的任务直接控制、可以保证任意线程的最差响应时间为 50 μs 等的优点。为此,只需将加工中最为重要的两个实时任务——插补和智能控制,分别设定为系统第一和第二优先级,其余实时任务根据优先程度依次设定即可。

5.2.2　硬实时采集技术

在 RTX 环境下采集过程参数,厂商为数据采集板卡提供的 Windows 环境下的驱动函数已不能直接调用,只能由用户运用 RTX 的函数对板卡寄存器进行操作,即需要开发基于 RTX 的实时数据采集驱动程序,驱动程序的根本目的就是实现硬件和应用程序的交互。然后,利用 RTX 下的定时器函数实现过程参数的定时实时采集。在安装好 VC

之后安装 RTX,会在 PROJECT 选项中自动添加 AppWizard 这一项。通过在该环境下进行驱动程序开发,可以生成相应的开发软件框架,然后根据板卡的参数添加相应的代码即可。基于 RTX 的实时采集驱动模块结构关系,如图 5.6 所示。

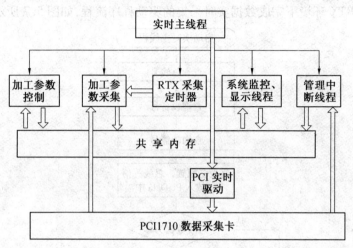

图 5.6　实时层模块结构关系

实时采集过程中,RTX 通过启用主线程中的实时定时器,开始调用寄存器扫描函数对模拟量进行读和写操作,并存入系统开辟的共享内存,供后述的数据分析、加工控制、数据保存用。共享内存是一种进程间的通信机制,它可以实现不同进程间共享同一段内存空间,并可以对共享内存区进行读写,从而实现不同进程间快速的数据交换。例如,利用共享内存可以实现振动加速度参数从自适应控制模块到人机模块的实时显示。

RTX 环境下一个完整的 PCI 驱动程序至少由以下步骤组成:

(1)设备的初始化和释放。查找 PCI 总线、设备号和功能号等主要参数,并遍历查找所有的 PCI 插槽,直到匹配为止。查找到设备后,读出内存、I/O 端口的基地址和中断资源,为后续操作做好准备。

(2)从物理地址到虚拟地址。将数据从内核传送到硬件,从硬件读取数据。硬件设备读写的是物理地址,而应用程序读写的是虚拟地址,驱动程序需完成从物理地址到虚拟地址的映射工作。

(3)传递数据和回送数据。读取应用程序传送给设备文件的数据和回送应用程序请求的数据,是驱动程序需要完成的主要任务。在设备驱动程序中,上层软件传递的数据必须及时准确地发送出去,也必须及时地将接收到的数据传递给上层应用软件。

(4)检测和处理设备出现的错误。

RTX 环境下完成数据实时采集的驱动程序流程,如图 5.7 所示。

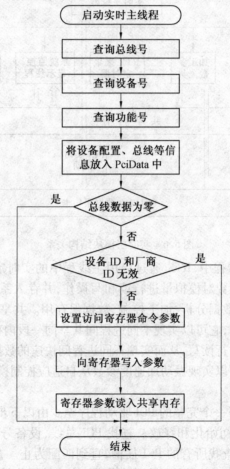

图 5.7 RTX 环境下数据采集的驱动程序流程

数据采集卡采用台湾研华 PCI-1710 型数据采集卡。该采集卡具有 12 位 A/D 和 D/A 转换、数字量输入输出及计数器/定时器功能。采样速率可达 100 kHz,可实现 16 路单端或 8 路差分模拟量输入,或组合方式输入。它有一个自动通道/增益扫描电路,卡上的 SRAM 存储了每个通道不同的增益值及配置,通过自由组合单端和差分输入来完成多通道的高速采样。本书在驱动程序的软件开发中,对板卡进行操作的主要函数如下:

RtGetBusDataByOffset（PCIConfiguration, bus, SlotNumber. u. AsU-LONG, PciData, 0,PCI_COMMON_HDR_LENGTH）;　　　/接收 PCI 设备的命令参数

RtEnablePortIo((PUCHAR)(Addr),(ULONG)32);　//使能端口

RtSetBusDataByOffset（PCIConfiguration, bus, SlotNumber. u. AsU-LONG, PciData, 0, PCI_COMMON_HDR_LENGTH）;　　//设置命令参数用于访问 PCI 设备的控制寄存器

RtWritePortUchar((PUCHAR)Addr ,channel);//写端口

RtReadPortUshort((PUSHORT)Addr);　　//读端口

在基于 PC 的开放式数控系统中利用 RTX 进行硬件设备驱动开发前,首先应将 Windows 下的 PCI 设备转换为 RTX 下的 PCI 设备[116]。在设备管理器中更新设备驱动,将 PCI 设备从 Windows 支持转换为 RTX 支持,具体步骤为:

在 RTX Properties 控制面板的 Plug and Play 菜单下,选中 PCI1710 数据采集卡,右键单击并选中 Add RTX INF Support,再单击 apply 以使 RtxPnp. inf 文件支持选中的设备,开放式智能数控系统的控制器更新数据采集卡的过程,如图 5.8 所示。

若更新过程中出现中断冲突(提示 Invalid interrupt),可以在硬件设备管理器中将与之冲突的设备停用,或更换 PCI 插槽。更新完成后,PCI1710 数据采集卡变成基于 RTX 的驱动设备,结果如图 5.9 所示。

在软件开发框架下设计完采集驱动程序后,需将其集成至开放式智能数控系统控制器的相关模块中,控制器的任务协调模块启动实时主线程后,通过调用开发的驱动程序,实时采集 A/D 通道中采集的数据。RTX 环境下驱动程序可以开发包括单端和差分等不同采集方式的驱动函数,本书采用单端模拟量输入方式进行过程参数的信号采集。在开放式智能数控系统中,过程参数的采集主要包括打开数据采集卡、利用定时器调用单端采集函数实现数据采集、关闭数据采集卡、销毁采集定时器,其在任务协调模块中的关键采集程序如下:

```
CTaskCoordinator∷CTaskCoordinator( )
   { ………………………
   if (! g_pdrive->OpenPCI1710( ))          //打开 AD 板
     { RtWprintf(L"Open PCI1710 Failed！\n");
         ExitProcess(0);}
   if(! (hTimer_Force = RtCreateTimer(NULL, 0, TimerCutForce_
process,
NULL, RT_PRIORITY_MAX - 3, CLOCK_2) ))    //创建过程参数定
时器
         { RtWprintf(L"Cutforce_process error = % d\n",GetLastError
( ));
         ExitProcess(1);      }
   if (! RtSetTimerRelative( hTimer_Force,&liPeriod4,&liPeriod4) )
   {     ExitProcess(1);   }//设置定时器周期
   }
void CTaskCoordinator∷TimerCutForce_process( PVOID context )  //切
削力定时器
   {double vol1,vol2,vol3;
     vol1 = g_pdrive->ReadsigChan(0,4);//单端采集,0 代表通道,
4 代表增益
     vol2 = g_pdrive->ReadsigChan(1,4);
     vol3 = g_pdrive->ReadsigChan(2,4);
     ………………………
   }
   CTaskCoordinator∷ ~ CTaskCoordinator( )
   {………………………
     RtDeleteTimer(hTimer_Force);        //销毁采集定时器
     g_pdrive->Close1710( );            //关闭 AD 板
   }
```

图 5.8　数据采集卡的硬件更新

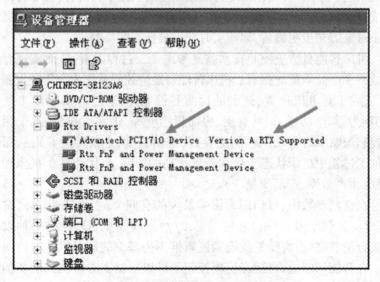

图 5.9　数据采集卡更新为基于 RTX 的驱动

5.2.3　智能策略高效算法实现

　　为了将智能控制策略融合于开放式数控系统的控制器中,使智能控制策略成为该系统的基本控制决策方法,必须根据数控系统模块结构的特点(实时、非实时等)开展模块融合等相关技术的研究[117]。

1. 自适应控制模块的控制规律类

为了将智能控制策略集成至开放体系结构控制器中,在控制器中定义了一个控制规律的通用框架结构。各种控制策略的算法实现原理虽然存在很大的差异,但是框架下所建立的控制规律应具有通用性、可订制性、易修改性,以不断跟踪技术进步。基本的解决方案是将控制器的控制策略结构框架抽象概括为基类,并在此基础上添加特定的属性和方法以派生子类,实现不同的控制策略。由于加工过程中调用控制算法往往与插补配合,实时性要求高,因此,定义的控制规律类在自适应控制实时模块中实现。

2. 数控系统中切削力约束模糊控制策略的实现

过程控制是通过对加工过程变量的操作实现切削过程调整。操作人员通过调整进给速度或主轴转速实现在线或离线过程控制。现在人们越来越关心的是,在保证零件加工质量的前提下,如何降低零件的加工成本、提高劳动生产率,以提高其经济效益;在机床设备、切削刀具和加工对象等初步明确后,如何实时获得最佳切削参数。

机床智能自适应控制技术就是考虑加工过程因素,从而实现对生产效率和产品质量的探索。机床智能自适应控制系统为全闭环控制系统,它除了对电机位置、速度的检测和控制外,通过对实际加工变量(切削力、切削功率、刀具磨损、表面粗糙度等)的在线检测,基于相应的控制策略实时自动调整加工参数(进给速度、主轴转速等),从而消除加工过程中机床状态变化和外界扰动的影响,以优化整个机床加工过程(生产效率、产品质量等)。

在铣削参数中,对切削力影响最大的有四个:主轴转速(n)、铣削深度(a_p)、侧吃刀量(a_e)和进给速度(f)。模糊控制理论是一种以模糊集合论、模糊语言变量及模糊逻辑推理为基础的计算机智能控制理论。在智能切削中,自适应模糊控制器可以根据实时检测到的切削力调整进给速度,使切削条件维持在较好的状态下,以提高切削效率。智能自适应铣削仿真控制系统模型,如图 5.10 所示。

图 5.10 中,假设理想切削力为 F_{set},实际切削力 F 与理想切削力之间的误差 e 和误差变化率 $\dot{e}$ 为模糊控制器的输入,模糊控制器根据相应的模糊控制规则输出进给倍率的修正量 Δf_r,数控系统将修正后的

进给速度 f 传递给切削系统。

对 5.10 所示的自调整因子的模糊控制算法进行仿真时,为了实现恒切削力,其在实际运行过程中使用单步判断、单步定量调整进给速度实现控制目标。虽然仿真结果能达到理想的效果,但实际加工中还需考虑算法响应和调整时间对包括机床的驱动器、电机等若干设备在内的实际影响。本书在将该算法集成至开放式数控系统中后,切削过程在切入工件后仅能维持数秒的时间就停机了。分析其原因,应该是该算法的单步改变进给速度以趋近设定的恒切削力过程中,由于切入初期切削力远大于理想力,使单次调整至控制器设定的理想力阈值所需时间(调整完成需要数秒)远超过驱动器设定的自保护时间,从而自动断电停机。该实例也进一步表明,算法的实时性对开放式数控系统正常工作的重要性。为此,本书设计了图 5.11 所示原理的、针对切削力约束具有固定控制规则的模糊控制系统,以适应实际加工情况。

图 5.10　智能自适应铣削仿真控制系统模型

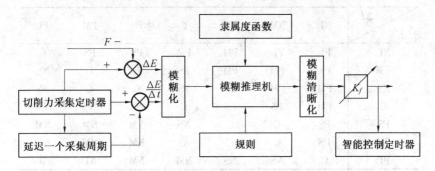

图 5.11　基于切削力约束的模糊控制系统

图 5.11 中,F 为设定的理想切削力,ΔE 表示切削力误差,$\Delta E/\Delta t$ 表示误差变化率,ξ 表示理论计算速度倍率。

（1）输入变量和输出变量的确定。

采用二维模糊控制器进行设计，输入变量为切削力误差和误差的变化，输出变量为进给倍率控制量。

（2）模糊控制规则的设计。

选用七个词汇来描述模糊控制器的输入、输出变量的状态，即｛负大，负中，负小，零，正小，正中，正大｝，简记为｛NL，NM，NS，C，PS，PM，PL｝。其中 N = Negative，P = Positive，S = Small，M = Medium，L = Large，C = Central。E，ΔE 和 U 的隶属度函数均采用三角分布。模糊控制规则的基本原则是，当误差大或者较大时，以系统的响应速度为主，选择较大的控制量以尽快消除误差；当误差较小时，以系统的稳定性为主。基于切削力的变进给速度控制规则，见表 5.1。

（3）精确量的模糊化方法。

将精确量转换为模糊量的过程称为模糊化（fuzzification）。本书采用在点 x 处隶属度设置为 1，除 x 点外其余各点的隶属度均取 0 的方法。

（4）模糊推理及模糊量的非模糊化。

把模糊量转换为精确量的过程称为清晰化，又称非模糊化（defuzzification）。模糊量的非模糊化方法主要有：重心法、模糊型加权推理法、最大隶属度法、取中位数法等。本模糊控制系统采用 Min–Max–重心法建立模糊控制查询表，该法的实质是加权平均法。

表 5.1 基于切削力的变进给速度控制规则

E ＼ ΔE	NL	NM	NS	C	PS	PM	PL
NL	PL	PL	PM	PM	PS	PS	C
NM	PL	PM	PM	PS	C	C	NS
NS	PM	PM	PM	PS	C	C	NS
C	PM	PS	PS	C	NS	NS	NM
PS	PS	C	C	NS	NM	NM	NM
PM	PS	C	C	NS	NM	NM	NL
PL	C	NS	NS	NM	NM	NL	NL

5.3　基于切削力约束的智能数控系统研究

5.3.1　开放式智能数控系统控制器行为建模

数控系统根据输入的信息(如数控程序、传感器的反馈信息、操作面板的输入)控制机床移动,实现加工操作(例如,轴运动、换刀、冷却液开关等),其行为是可预见的,属于典型的反应式系统。对于 OMAC 的应用程序接口,智能数控系统控制器中的行为是以有限状态机进行体现的。一个有限状态机的执行步代表了一种行为方式,这些行为根据输入和输出,设定了一系列由相关的行为定义的规则。

有限状态机在被用于反应式系统的建模时,该系统对外部和内部事件做出反应,并以事件驱动进行工作,输入事件的顺序和数值决定了系统响应的顺序和数值。因此,若将外部输入的信息表示为 FSM 的输入事件,将机床的加工操作表示为 FSM 的动作,则完全可以用 FSM 建立机床的行为模型。生成一个新的 FSM 仅需编写的代码是动作集代码。它是可以在状态转移时被调用的所有函数的集合,体现了系统能够完成的所有功能。集合中的每个状态包含一个标识符和一个指向转移集的指针。每个转移包含一个激发转移的事件号、一个动作标识符(指向和这个转移相关的函数)和一个指向下一个状态的指针。

为在开发的开放式智能数控系统平台中实现基于切削力约束的适应控制,根据有限状态机的工作原理,本书设计了图 5.12 所示的,开放式智能数据系统控制器行为模型。

由图 5.12 可见,为实现正常的插补加工和自适应智能控制,本书建立了四套层级式有限状态机,包括机床运动管理有限状态机、自动加工插补分配有限状态机、自动加工插补执行有限状态机、自适应控制有限状态机。对于基于 OMAC 的数控系统模块,OMAC 并没有规定层级式有限状态机的具体数目。设计者在确定有限状态机的数目时,主要考虑系统的复杂程度和组织方式。图 5.12 中,管理有限状态机用来管理包括手轮(Hand_wheel)、手动(Jog)、自动(Auto)三种机床运动方式。当管理有限状态机在空闲(idle)状态时,它可以降低为底层级的有限状态机。其余三套有限状态机中,为表述各自的状态,分别用

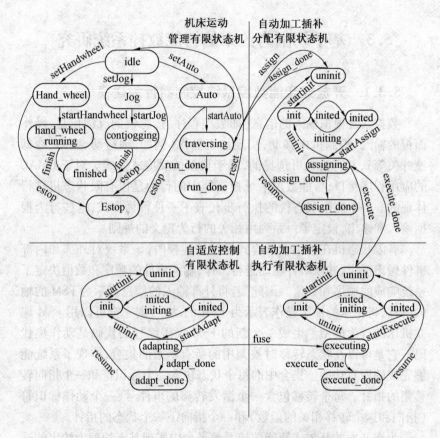

图 5.12 开放式智能数控系统控制器行为模型

uninit, init, initing, inited 表述各有限状态机处于未初始化、开始初始化、正在初始化、初始化完成四个阶段。在分配有限状态机中,通过定时更新,可以实现译码过程中储存在双端队列中的运动执行段顺序弹出。在弹出新的执行段后,执行有限状态机和自适应控制有限状态机会协调配合,完成包括直线、圆弧、样条等不同插补算法的具体插补过程。四套有限状态机分布于开放式数控系统的任务协调模块、轴组模块、轴运动模块、自适应控制模块中。

在四套有限状态机中,每套有限状态机的动作标识符均对应一个执行函数流,以完成各有限状态机在数控系统工作过程中各自的任务。例如,自动加工管理有限状态机对应 traversingAction( )函数流、插补分配有限状态机对应 assigningAction( ) 函数流、插补执行有限状态机对应 executingAction( ) 函数流、自适应控制有限状态机对应 adaptingAction( ) 函数流。各函数流的执行流程分别如图 5.13 ~ 图 5.16 所示。

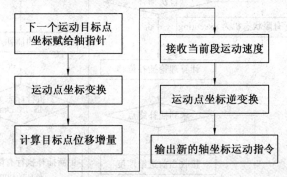

图 5.13　自动加工管理有限状态机 traversingAction( ) 函数流

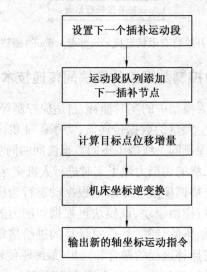

图 5.14　插补分配有限状态机 assigningAction( ) 函数流

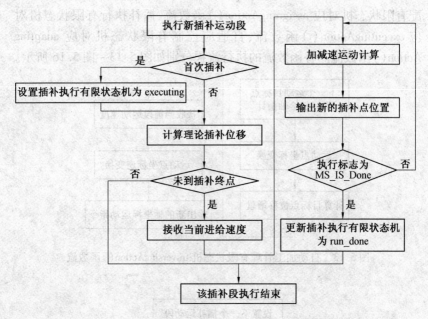

图 5.15   插补执行有限状态机 executingAction( )函数流

5.3.2   切削力控制数据流的模块间传递技术

为了实现动态行为模型中的实时插补、自适应控制等任务,控制器中的各线程之间将产生大量的数据传递流,为了保证机床任务执行的实时性、可靠性,必须保证同一线程下不同数据流间的同步。在智能数控系统的控制器中,采集的切削力除了实时进行人机交互外,更重要的是,在加工过程中任务协调模块要不断地根据动态行为模型将采集到的切削力传递到自适应控制模块,该模块再根据切削力的实时变化调用智能算法进行进给倍率的计算,然后将计算的进给倍率传至轴组模块,实现自适应控制与插补过程的融合和同步,最终驱使轴运动模块按照新的、智能化调整的切削参数,实现位置或速度控制。

为实现动态行为模型中插补线程与自适应控制线程下的切削力利用的同步性,并保证数据的完整性,设计了一套过程参数(包括切削力、振动加速度等)在智能数控系统控制器模块间的传递流程方案,该方案的实现流程如图 5.17 所示。

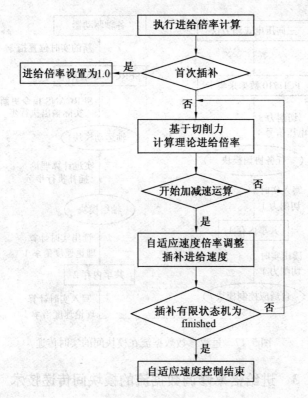

图 5.16　自适应有控制限状态机 adaptingAction( )函数流

由图 5.17 可见,该流程的突出特点是其以"双共享内存技术"实现的。任务协调模块将采集的切削力值定时写入共享内存 1 中,并定时进行更新;自适应控制模块定时从共享内存 1 中同步读出切削力值,且以切削力为约束值计算出进给倍率调整值,并定时写入共享内存 2 中,同时也定期对共享内存 2 中的倍率值进行更新。轴组模块按照插补线程设定的插补周期定时地从共享内存 2 中读出修正的进给速度倍率值,并按照修正的计算速度计算下一插补点的位置。由于整个过程均在实时模块中实现,且能定期动态更新共享内存中的数据,既减轻了系统的任务负担,也保证了实时任务运行的可靠性。

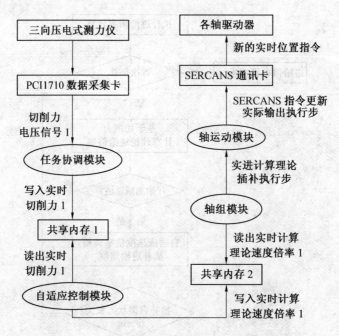

图 5.17　过程参数数据流在模块间的实时传递

5.3.3　进给倍率修调数据流的模块间传递技术

在 SERCOS 接口技术中,由于位置环在数字驱动器内闭合,这使得控制器中的封闭环数下降至 0,意味着反馈实现在驱动器中完成,而控制器不再处理反馈值,而只需发送命令值即可。所以要实现基于 SERCOS 接口通信的变进给速度控制,必须研究清楚控制器和驱动器之间的命令交互方式,否则驱动器必然无法正常工作,还会发出某些报警错误,如报文不同步、驱动电机电压低等。因此,如何在控制器中实现进给倍率调整的自适应控制,防止控制器出现正常插补和自适应控制两套控制命令,成为解决基于 OMAC 体系的开放式智能数控系统中的重要课题之一。

为解决模块间的数据流传递问题,理论上必须将自适应控制过程作为控制器向驱动器发送命令之前的一个"内部函数流",并实现与插补等周期任务访问同步。为了解决"内部函数流"的问题,设计了一套融合有限状态机模型的自适应进给倍率修调的传递流程,具体如图

5.18所示。

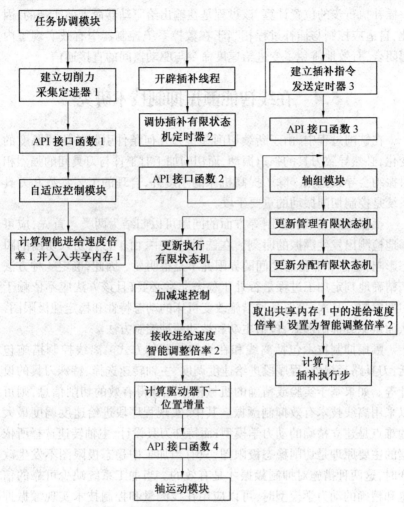

图 5.18 运动参数(进给倍率)在模块间的数据流传递

由图 5.18 可见,外部过程参量的采集、处理,进给倍率的计算在自适应控制模块中完成后,通过共享内存 1 同步传递至轴组模块的更新分配有限状态机的函数流中,而该有限状态机是由任务协调模块开辟的插补线程来管理和协调。分配有限状态机会定时将共享内存 1 中的理论计算倍率 1 设置为插补初始化的智能进给倍率 2。执行有限状态机会在控制器的插补定时器中定时将该智能调整倍率 2 接收后进行下一插补执行步的位置计算,该过程是在输出给驱动器命令前实现的,因此,自适应控制与插补过程相当于在数控系统控制器中有效实现了内部闭合,有效地避免了变进给速度命令与驱动器间的直接通信。

5.4　在线智能颤振抑制技术研究

在铣削过程中,由于断续切削和铣刀几何条件引起的切屑厚度的变化,必然导致刀具的强迫振动,而切削加工时工件与刀具间的强烈相对振动会导致颤振。除了提高机床的刚度外,合理的工艺参数和刀具系统是控制切削振动的重要手段。

颤振检测、识别、抑制等方面的问题可以归结为两类。首先,应可靠地检测出发生颤振的时刻。在铣削过程中,由于刀齿切入切出的瞬态影响,稳态和非稳态之间的界限并不是很明显。因此,确定一种方法来精确地判定加工过程是否处于稳态非常必要,且该方法应不依赖于切削参数。其次,采取某种措施改变机床的动态特性和稳定性极限图,从而避免或抑制颤振,包括主动和被动两种控制方法。

颤振抑制技术包括离线和在线控制两种方式。离线控制措施包括:刀具路径规划、程序段进给速度调度、主轴转速选择、特殊刀具的设计等。如果基于实验或精确的机械模型能获得有效的切削信息,则可以采用离线技术有效抑制颤振。其中,实现程序段进给速度调度最大的难点是建立精确的动力学模型;而特殊刀具设计、主轴转速选择所依据的主要原理是切削稳态极限图,只有当加工中稳态极限图不发生改变时,这两种措施对抑制颤振才是有效的。当加工系统缺少可靠的信息和精确的动力学模型时,可以应用在线测量和控制技术实现颤振抑制。该技术的目的是代替人进行加工过程振动状态的监测,在判断颤振发生后对机床的状态进行调节,以最大限度地减小颤振的振幅或抑制颤振的进一步发展。由于调整切削参数控制法可操作性强、抑振效果好,是近年来切削稳定性控制研究的热点。其研究目标是通过在线调整主轴转速、轴向、径向、切向深度和刀具铣入铣出角等切削参数,确保切削状态处于稳定区域。

5.4.1 铣削颤振的监控技术

颤振的实时监控技术,就是将加工过程中反应颤振的特征量进行采集和分析,并对切削过程是否发生颤振进行判断,在颤振发生前和发生时,采取一系列措施控制或者抑制颤振的产生和发展,使切削过程处于稳定状态。切削过程是一个复杂的物理过程,可提取的信号种类也很多,不同信号的获取方式、对切削过程的敏感性及处理方法都不同,因此选择对加工过程最为敏感的信号是至关重要的。表 5.2 列出了铣削过程中典型的监控方法。

表 5.2 铣削过程中典型的监控方法

监控方法	传感器	特征参数	信号分析方法
切削力	应变,压电传感器	力,分力比,力导数	FFT,自回归模型,时域分析,小波分析
声发射	高频压电传感器	均方根值(RMS),频谱	RMS 能量分析,统计分析,时间序列,FFT
振动	加速度计,振动传感器	幅值,频谱	时间序列,FFT,小波分析,谱分析
电流/功率	霍尔传感器,功率计	均方根值,幅值	时域分析,FFT,统计分析

目前,颤振监控过程中比较成熟、使用较多的信号主要包括:声信号、切削力信号、振动加速度信号。切削信号监控过程中,传感器安装的原则是尽量安装靠近"源"的位置,以便采集良好的信号。

5.4.2 颤振监控敏感信号实验研究

为了实现颤振过程的在线检测和抑制,应该选择合理的传感器或传感器组合来测量加工过程中反应颤振的敏感信号。动态特征信号的采集应该符合下述三个条件:信噪比较高,信号采集的灵敏度较高,传感器安装、操作方便。在线颤振控制实验前,先对三向压电式测力仪、振动加速度传感器的各向信号,在侧铣加工实验中出现颤振时的表现特性进行研究和分析,以分析和提取加工中的有效信号。图 5.19 为实验示意图。按照图 5.19 的要求对图 5.20 所示的工件进行了干式、顺铣侧铣实验,实验参数设置见表 5.3[118]。

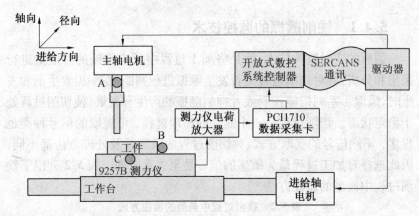

图 5.19　实验加工系统示意图

实验切削工件材料为铝合金,其几何参数为:左端最薄处的厚度为 17 mm、右端最厚处的厚度为 24 mm,工件进给方向总长度为 180 mm。

图 5.20　实验待切削工件

在传感器的安装过程中应考虑测点的布置问题,因为不合理的安装和测点,可能产生一些错误信息。例如,需要测某部件的振动状态,由于测点不对,实际获得的却是主体结构的振动信息。另外,传感器需要与被测工件良好接触。本书使用薄石蜡层固定振动加速度传感器,虽然蜡的硬度差,但该种安装方法能够提供非常好的频率响应。

表 5.3　实验切削参数设置

实验序号	主轴转速/(r·min^{-1})	进给速度/(mm·min^{-1})	径向铣削深度/mm
1	1500	200	0.6
2	3000	300	0.6
3	4500	400	0.6
4	6000	500	0.6

实验共包括两个内容：

第一,将振动加速度传感器分别安装在图 5.19 所示的 A,B,C 三个位置(A 为切削刀具的位置、B 为工件位置、C 为固定工件的工作台的位置),研究振动加速度传感器安装在什么位置能最好地体现出刀具和工件间的振动特征;

第二,对比研究在同一切削条件下,三向切削力传感器和三向振动加速度传感器的敏感特性,即哪个传感器的哪一方向的值在侧铣加工中最能反应颤振特征。

由于在实验过程中,A 位置代表刀具处于旋转的状态,而传感器带有测量线无法安装到旋转的部件上,实际情况是,将传感器固定在机床主轴基体上进行替代观察。对 A,B,C 位置安装振动加速度传感器进行的实验研究发现,在相同切削参数条件下,A 位置的振动幅值最小,且幅值不能真实地反映工件的实际特征;B 和 C 位置的振动幅值均能较正确地反映工件的真实特征,但 B 位置的幅值比 C 位置的幅值略大。由此分析知,由于加速度传感器无法直接固定在刀具上,而通过安装在图 5.19 中的 A 位置(机床主轴)上,并不能反映切削过程中刀具和工件间的振动情况。安装在工件的支撑件上,虽然能正确反映切削中的相关特征,但由于中间环节的能量损失,其加速度幅值会发生衰减。而安装在工件的 B 位置上既能正确地反映出工件的形状特征,其振动能量的损失又最小,因此最能反映刀具和工件间的振动情况。因此,后面的实验中,都选取 B 位置为振动加速度传感器的固定位置。

按照表 5.3 设置的四组切削参数方案,对图 5.20 所示的工件进行了侧铣加工。实验结果发现,第一、第二组实验加工过程均处于稳定状态;第三组实验从稳定切削过渡至颤振;第四组实验整个过程均处于不稳定切削状态。选取了三种切削状态下的切削力、振动加速度信号的时域、频域变化过程,分别如图 5.21 ~ 图 5.26 所示。图中,切削力信号中的 X, Y, Z 向分别表示径向切削力、进给方向切削力、轴向切削力;振动加速度传感器安装在工件侧面位置时的 X, Y, Z 向分别表示径向振动加速度、轴向振动加速度、进给方向振动加速度。合切削力、合加速度表示三个方向分量平方和的平方根。图注中仍按照主轴转速–进给速度–径向铣削深度的顺序进行标注。

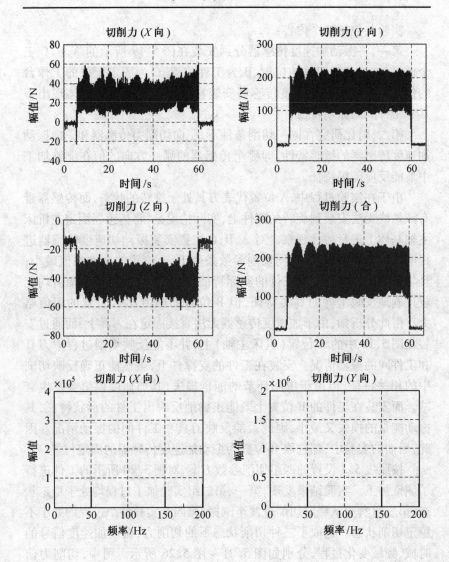

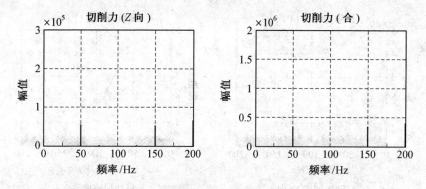

图 5.21 1500-200-0.6 时切削力的时域和频域变化情况

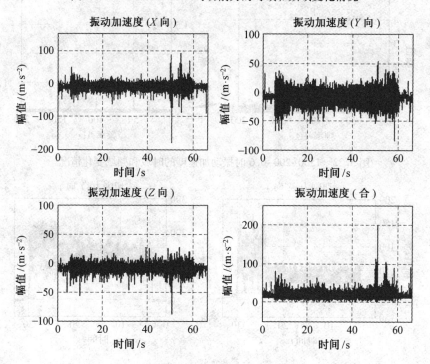

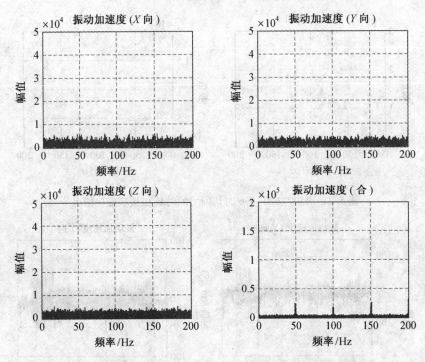

图 5.22　1500-200-0.6 时振动加速度的时域和频域变化情况

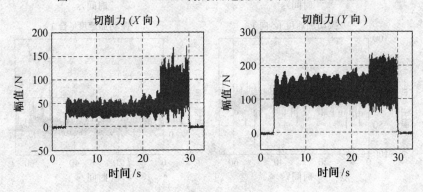

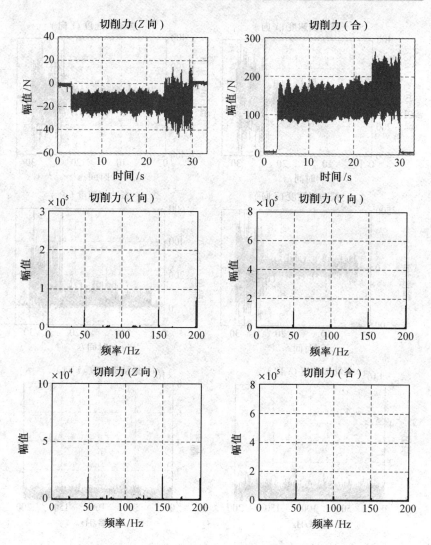

图 5.23　4500-400-0.6 时切削力的时域和频域变化情况

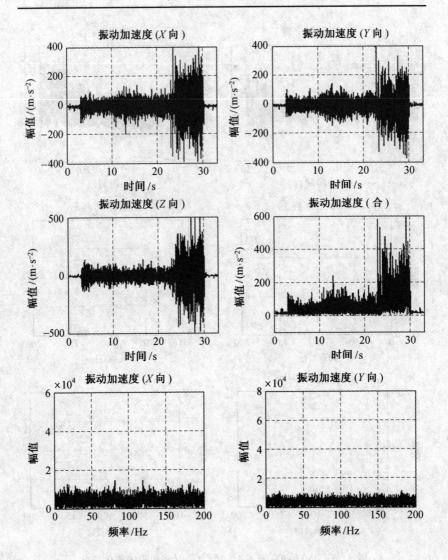

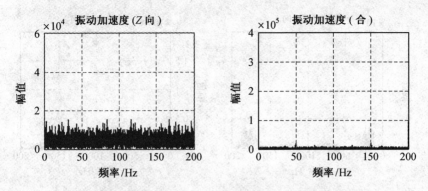

图 5.24　4500-400-0.6 时振动加速度的时域和频域变化情况

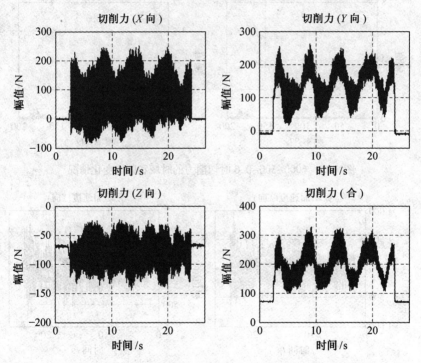

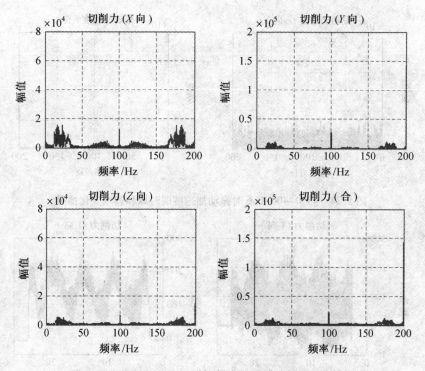

图 5.25 6000-500-0.6 时切削力的时域和频域变化情况

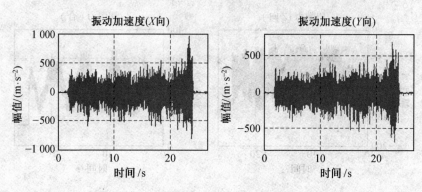

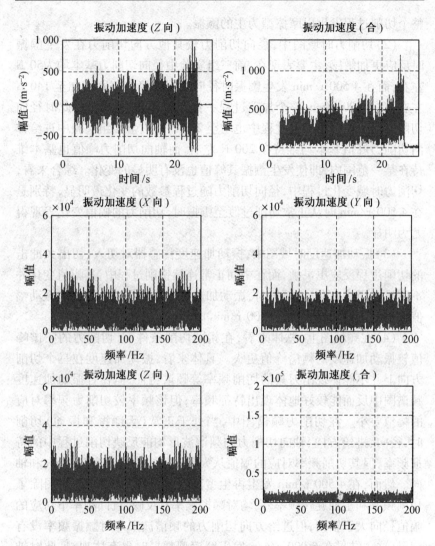

图 5.26 6000-500-0.6 时振动加速度的时域和频域变化情况

由图 5.21~图 5.26 的对比分析可得出下述结论：

（1）在时域图上，总体来看，切削力的变化趋势较振动加速度的变化趋势更能反映工件的几何形状。从时域图中可以判断，在 1 500，3 000 r/min 两种切削条件下时，切削过程基本稳定；主轴转速为 4 500 r/min 时，切削后期发生再生型颤振；主轴转速为 6 000 r/min 时，整个切削过程发生以摩擦型为主的颤振。

（2）切削力时域图中，径向切削力较其他方向切削力在发生颤振时反应更加敏感，主要表现在：前三组实验中径向切削力基本均为50 N左右，而在 4 500 r/min 发生颤振时径向切削力峰值急剧增加至 140 N左右；在 6 000 r/min 整个加工过程一直伴随着摩擦型颤振，此时径向切削力峰值在整个切削过程中也增至 200 N 左右。四组实验中进给方向切削力峰值基本均维持在 200 N 左右，而轴向切削力峰值也基本维持在某一范围内，即使发生颤振其峰值也没有明显的变化。综合来看，切削力时域变化过程中，径向切削力随过程参数的变化最明显，特别是在 4 500 r/min 时从正常切削过渡至颤振时，切削力的幅值变化表现得尤为明显。

（3）振动加速度时域图中，振动加速度传感器对切入、切出大冲击的切削过程反应更灵敏，而在中间正常连续铣削过程中，其幅值变化并不明显。当然，在发生颤振时，振动加速度传感器在三个方向的振动幅值也都发生很大变化，如 4 500 r/min 时。

（4）在频域图上，总体来看，在相同切削条件下，切削力的频谱峰值较振动加速度的频谱峰值更大。具体来看，振动加速度在三个切削方向上并不能体现出刀具的切削频率等频谱特征，但在合振动加速度频谱图中反而能较好地体现出特征频率，但该频率较切削力频率对应的幅值要小。在切削力频谱图中，当处于正常（无颤振和振动）切削时，径向、进给方向、轴向切削力的频谱波形均能反映切削过程中的特征频率，但其切削频率对应的幅值从大到小依次为进给方向、径向和轴向。然而，在 4 500 r/min 发生再生型颤振时，径向和轴向频谱图除了切削频率和主轴旋转频率外，均对颤振频率有反映，且同频率下对应的幅值径向大于轴向，但进给方向切削力的频谱波形却对颤振频率没有记录；这一结果在 6 000 r/min 发生摩擦型颤振时也有体现，且此时轴向频谱波形也对振动频率的特征没有体现。

综上分析可见，在切削力和振动加速度信号中，无论是时域还是频域波形，径向切削力在侧铣加工中均能很好地反映出切削的状态。当然，在时域信号中，切削力可能会随工件的形状变化发生较大的变化。例如，切削阶梯形工件即会发生切削力从某一值突变到另一值的情况。因此，单纯的时域信号突变并不一定能正确反映是否发生颤振。而频域信号中,由于主频仅与主轴转速有关,一旦加工中出现不同于主频的切削频率,则必定表明切削过程中发生非正常切削。为此,本书采用径向切削力的频域特征来判断加工过程中的切削状态,从而实现加工过程颤振的在线识别和控制。

5.4.3　颤振信号有效信息的提取

工程上测得的信号一般为时域信号,为了了解观测对象的动态行为,实际中往往需要研究信号的频域信息。将时域信号变换至频域而加以分析的方法称为频谱分析,也称频域分析。频谱分析的目的是把复杂的时间历程波形,经相应变换分解为若干单一的频波分量来研究,以获得信号的频率结构及频波幅值和相位信息。目前,常用的频域分析法主要包括:快速傅立叶变换、小波变换等。另外,在数字处理技术中,许多学者还对信号的功率谱密度、相干函数、倒频谱等进行了应用和研究。

本书采用快速傅里叶变换对切削力的径向信号进行分析和研究。要实现数字信号的频谱分析及其他方面的处理工作,要求信号在时域和频域都是离散的,且是有限长的。离散傅里叶变换是解决频谱离散化的有效方法,当采样点 $n=0,1,2\cdots,N-1$ 共 N 个数据,无限长信号截断后变为周期信号。频谱由连续谱变为离散谱,对于在离散时间区间内数据的傅里叶变换可定义为

$$X[k\Delta f] = \mathrm{DFT}\{x[k\Delta f]\} = \sum_{n=0}^{N-1} x[n\Delta t]\,\mathrm{e}^{-j\frac{2k\pi}{N}n} \tag{5.1}$$

式中　k——时域采样点的序号;

　　　n——频率采样点的序号;

　　　Δt——采样的时间间隔;

　　　Δf——频率分辨率;

　　　N——采样点数。

若采样的时间间隔 Δt 和频率分辨率 Δf 取为单位值,则式(5.1)可简化为

$$X[k] = \sum_{n=0}^{N-1} x[n]\,\mathrm{e}^{-j\frac{2k\pi}{N}n} \tag{5.2}$$

对于周期信号的傅里叶级数,若以 $k\Delta f$ 为横坐标,$X(k\Delta f)$(或

$\Phi(k\Delta f)$）为纵坐标，就可以画出幅值（或相位）随频率变化的曲线，称为幅频（或相频）特性，两者合称为周期信号的频谱。

一般情况下，时间序列 $x[n]$ 及其频谱序列 $X[k]$ 是用复数表达的，直接进行离散傅立叶变换需要 N^2 次复数乘法及 $N(N-1)$ 次复数加法，相当于做 $4N^2$ 次实数乘法及 $N(4N-2)$ 次实数加法。随着序列长度 N 的增大，运算次数将剧烈地增加。快速傅里叶变换是有效而快速地进行离散傅里叶变换的算法。将式（5.2）中的 $\mathrm{e}^{-j\frac{2\pi}{N}}$ 简化为 W_N，则式（5.2）可改写为

$$X[k] = \sum_{n=0}^{N-1} x[n] W_N^{kn} \qquad (5.3)$$

当数据序列 $x[n]$（$n=0,1,\cdots,N-1$）的长度为 2 的整数倍时，则由偶数、奇数序号子样得到的长度为 $N/2$ 的系列的离散傅里叶变换分别为

$$X_E[k] = \sum_{m=0}^{N/2-1} x[2m] W_{N/2}^{km} = \sum_{m=0}^{N/2-1} x[2m] W_N^{2km} \qquad (5.4)$$

$$X_O[k] = \sum_{m=0}^{N/2-1} x[2m+1] W_{N/2}^{km} = \sum_{m=0}^{N/2-1} x[2m+1] W_N^{2km} \qquad (5.5)$$

$$W_{N/2} = W_N^2 = \mathrm{e}^{-j\frac{4\pi}{N}}$$

该式又称为按时间抽取的傅里叶算法。

将式（5.3）展开得

$$\begin{aligned}
X[k] = \sum_{n=0}^{N-1} x[n] W_N^{kn} &= (x[0]W^{0k} + x[2]W^{2k} + \cdots + x[N-2]W^{(N-2)k}) + \\
&\quad (x[1]W^{1k} + x[3]W^{3k} + \cdots + x[N-1]W^{(N-1)k}) = \\
&\quad (x[0]W^{0k} + x[2]W^{2k} + \cdots + x[N-2]W^{(N-2)k}) + \\
&\quad W^k(x[1]W^{0k} + x[3]W^{2k} + \cdots + x[N-1]W^{(N-2)k}) = \\
&\quad X_E[k] + W_N^k X_O[k]
\end{aligned} \qquad (5.6)$$

当数据系列为幂指数 2^N 时，将尺度为 N 的离散傅里叶变换分解为尺度为 $\frac{N}{2}$ 的离散傅里叶变换，此步骤可重复进行。按照（5.6）式可实现快速傅里叶变换。

根据前述的实验可知，在主轴转速为 4 500 r/min、进给速度为 400 mm/min、径向切削深度为 0.6 mm 的实验条件下，对工件形状为渐

变的铝合金切削时,随着渐变切深的增加发生了再生型颤振现象,其工件加工实际效果如图 5.27 所示。

(a) 工件整体切削效果图　　　　　(b) 工件表面颤振局部放大图

图 5.27　主轴转速为 4 500 r/min 时工件切削效果图

为了实现加工过程在线识别和抑制颤振,数控系统对数据分析和处理的最基本要求是:数据分析和处理要保证实时、有效,与插补周期协调;控制算法运算量要少,以减轻系统的运行负荷,且应保证单次运行时间满足系统设定的定时器时间周期。为此,选取图 5.27 在发生颤振前的某一时刻和发生颤振后的一段时间间隔为数据分析段,其径向切削力时间序列波形如图 5.28 所示。

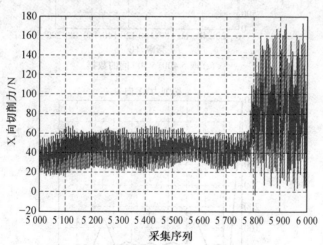

图 5.28　提取的切削力数据段

图 5.28 中主轴转速为 4 500 r/min,进给速度为 400 mm/min,径向切削深度为 0.6 mm 时,提取的一段包括无颤振正常切削、颤振过渡、

颤振发生的数据段。横坐标为采集序列,即采集数据点的顺序,纵坐标为切削力幅值。从该数据段随机截取三段:正常切削段(序号为 5400~5500 的数据)、颤振过渡段(序号为 5700~5800 的数据)、颤振段(序号为 5800~6000 的数据)进行频谱分析,研究正常加工、颤振过渡与颤振发生时的频谱变化特征。同时,在上述选取的三段数据样本中,从每段内任意取 16 个数据点进行频谱分析(其中,正常切削段取 5450~5465 之间的数据、颤振过渡段取 5784~5799 之间的数据、颤振段取 5900~5915 间的数据)),比较数据量为 16 时的分辨率对频谱特性的影响程度,即是否能正确反映正常加工和颤振发生时的特征。该工艺参数下具体的实数傅里叶变换分析,如图 5.29~图 5.31 所示。

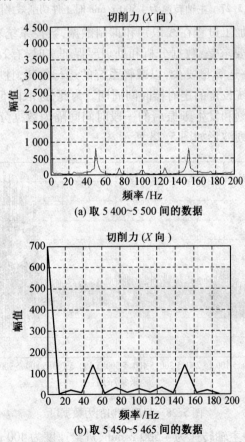

(a) 取 5 400~5 500 间的数据

(b) 取 5 450~5 465 间的数据

图 5.29 正常铣削频谱波形

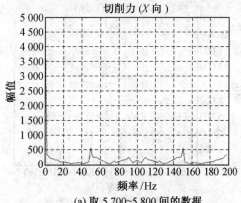

(a) 取 5 700~5 800 间的数据

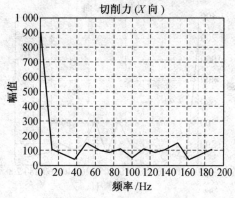

(b) 取 5 784~5 799 间的数据

图 5.30　颤振过渡频谱波形

刀具切削频率计算公式为

$$f_{切削} = z \cdot n/60 \tag{5.7}$$

式中　$f_{切削}$——刀具切削频率；

　　　z——刀具刃数；

　　　n——主轴转速。

由式(5.7)计算可知,主轴转速为 4 500 r/min 时,两刃刀具的切削频率为 150 Hz。

由图 5.29 ~ 图 5.31 可见,侧铣加工过程中从正常铣削到出现颤振的过程中,其频谱波形发生了明显的变化,即刀齿切削频率为

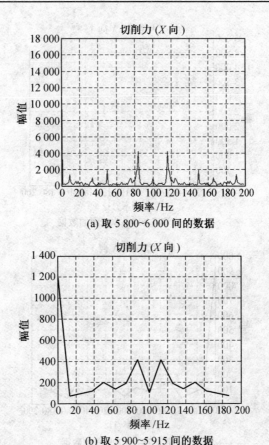

(a) 取 5 800~6 000 间的数据

(b) 取 5 900~5 915 间的数据

图 5.31　颤振频谱波形

150 Hz,从正常切削时对应的幅值 750 减少到颤振过渡过程时的 510 左右;而发生颤振时,频谱波形中最高幅值对应的频率已从正常的切削频率变为非正常切削频率为 115 Hz,而切削频率对应的幅值在波形图上已变为次大。另外,在三个变化阶段中,16 个数据点对应的频谱波形关键特征,都与更多点情况下对应的频谱波形相似,即频谱波形中分辨率的降低并未对颤振的正确判断产生影响。

为了进一步验证少量数据点(本书以 16 个点为对象)的频谱特征能够代表和反映某段加工过程中的频谱特征,分别对主轴转速为 1 500 和 3 000 r/min,进给速度为 200 和 300 mm/min,径向切削深度均为

0.6 mm的切削条件下的频谱波形进行了分析,如图 5.32、图 5.33 所示。

　　由图 5.32、图 5.33 可见,不同数量的数据点在相同切削情况下的频谱幅值波形变化完全相似,因此,若用 16 个数据点来在线分析加工过程中的切削特征(颤振与否)完全能够正确识别。也就是说,当频谱分析图中计算的最大幅值(0 频率幅值除外)对应的频率与刀具的切削频率不一致时,即表示为非稳态切削。当然,若采用 32,64…个数据点(提高分辨率)同样可以实现正确识别,还可结合控制过程中的采样周期等因素具体考虑和选择。

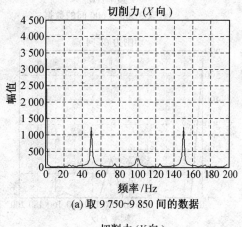

(a) 取 9 750~9 850 间的数据

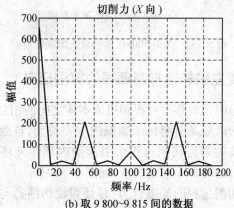

(b) 取 9 800~9 815 间的数据

图 5.32　1500-200-0.6 正常铣削频谱波形

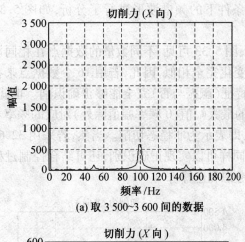

(a) 取 3 500~3 600 间的数据

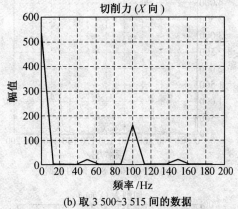

(b) 取 3 500~3 515 间的数据

图 5.33　3000-300-0.6 正常铣削频谱波形

5.4.4　变主轴转速抑制颤振的算法研究

机床颤振是由切屑移除过程和机床本体之间的相互作用引起的自激振动。而自激颤振是引起机床颤振的主要类型,自激颤振主要发生在刀具两个连续的刀齿切削过程中引起的内环和外环调整的某个阶段。传统的单自由度加工系统模型,如图 5.34 所示。

如果忽略切削过程的动态行为,并且假设切削力与瞬间未切削的切屑厚度成比例,那么自激颤振就可以简化为图 5.35 所示的控制方框图。图 5.35 中包含两个闭环,一个为正反馈,另一个为负反馈。加工过程动态特性响应可以用系统的传递函数来表示。传递函数通过输入与输出之间信息的传递关系,来描述系统本身的动态特性。该传递函数是由各模块传递函数与方向因子(本书取 1)的乘积的和组成,即

$$G_m = \sum_{i=1}^{n} \mu_i G_i \qquad (5.8)$$

式中　G_m——加工响应全局传递函数;

　　　　G_i——模块传递函数;

　　　　μ_i——方向因子。

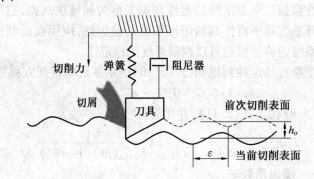

图 5.34　传统的单自由度加工系统模型

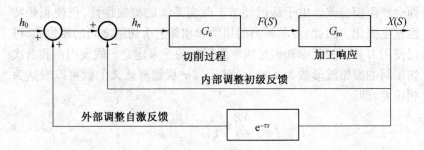

图 5.35　自激颤振方框图

切削过程用 G_c 表示,表示为切削力与切削宽度的乘积,即

$$G_c = K_c \cdot b \qquad (5.9)$$

式中　K_c——切削力;

　　　　b——切削宽度。

则图 5.35 所示自激颤振方框图的总传递函数为

$$\frac{X(s)}{h_0(s)} = \frac{\dfrac{G_c G_m}{(1 + G_c G_m)}}{1 - \dfrac{G_c G_m}{(1 + G_c G_m)} \cdot e^{-\tau s}} = \frac{G_c G_m}{1 + G_c G_m - G_c G_m e^{-\tau s}} \tag{5.10}$$

式中　$h_0(s)$——平均未切削积屑厚度；

　　　$X(s)$——工件当前切削表面位置。

控制系统要保证正常工作,其首要条件必须满足稳定性的要求。因此,为了保证切削系统的稳定性,传递函数式(5.10)必须满足奈奎斯特稳定性判据。奈奎斯特稳定性判据又称为频域法判据,它的特点是根据开环系统频率特性判断闭环系统的稳定性,应用奈氏判据不必求解闭环系统的特征根就可以判断系统的稳定性。

由奈奎斯特稳定性判据知,式(5.10)所示系统的特征方程为

$$1 + G_c G_m - G_c G_m \cdot e^{-\tau s} = 0 \tag{5.11}$$

将式(5.9)代入式(5.11),并化简得

$$b = \left. \frac{-1}{K_c G_m(s)(1 - e^{-\tau s})} \right|_{s=jw} = \frac{-1}{K_c G_m(jw)(1 - e^{-jw\tau})} \tag{5.12}$$

式中　w——颤振角频率。

刀具在两次连续切削工件时,这之间的间隔必会引起时间延迟,从而会产生相位差。由于延迟环节不改变系统的幅频特性,仅使相频特性发生变化。因此,要求解当前切削和相邻上次切削之间的相位差,可以使用刀具切削频率和颤振频率之间的关系来建立。假设当前和前次切削间的颤振波形数为 $k+v$ 个,则 $v \cdot 2\pi$ 从物理意义上就可以表达为相位差,即

$$f_{cut} = \frac{NZ}{60} = \frac{f_{chatter}}{k+v} = \frac{f_{chatter}}{k + \dfrac{\varepsilon}{2\pi}} \tag{5.13}$$

式中　f_{cut}——刀齿切削频率,Hz；

　　　$f_{chatter}$——颤振频率,Hz；

　　　N——主轴转速,r/min；

　　　Z——刀齿数量,个；

　　　k——正整数；

　　　v——0 至 1 间的实数；

　　　ε——相位差,弧度。

利用欧拉公式,式(5.12)可变为

$$b=-\frac{\cos w-1+j\sin w}{2(\cos w-1)}\cdot\frac{1}{K_c G_m(jw)} \tag{5.14}$$

由于切削宽度的稳态极限必须为正实数,且切削力 $K_c>0$,因此,式(5.14)可以简化为

$$b=-\frac{1}{2}\cdot\frac{1}{K_c \operatorname{Re}\{G_m(jw)\mid_{neg}\}} \tag{5.15}$$

$\operatorname{Re}\{G_m(jw)\mid_{neg}\}$ 表示取 $G_m(jw)\mid_{neg}$ 的实部。由式(5.15)可见,要尽可能地提高切削宽度而不发生颤振,则可使 $\operatorname{Re}\{G_m(jw)\mid_{neg}\}\to 0$,即可使切削宽度 $b\to\infty$。这就意味着相邻两次切削间的相位差需尽可能趋于 0,即应满足式(5.13)中的分母为正整数,由于分母中 k 已经代表正整数,因此其只需满足

$$f_{cut}=\frac{NZ}{60}=\frac{f_{chatter}}{k+v}=\frac{f_{chatter}}{k+1} \tag{5.16}$$

由此可得,当发生颤振时,要使系统保持稳定,主轴调整转速与颤振频率间需满足

$$N=\frac{60\cdot f_{chatter}}{(k+1)\cdot Z} \tag{5.17}$$

由于式中 $k=0,1,2,\cdots$ 为正整数,因此计算的主轴转速值并不唯一。开放式数控系统在下一插补时刻向主轴驱动器输出转速命令前,需根据式(5.17)迭代计算主轴转速,并将相对于当前主轴转速调整幅度最小的计算值设置为最优输出命令值,其计算流程如图5.36所示。

5.4.5　在线颤振抑制数控实现技术

根据在线检测到的控制信号调整主轴转速,实际控制过程中只需将为了抑制颤振在线计算出的最优主轴转速值直接输出给主轴驱动器即可。整个颤振抑制过程实现流程如图5.37所示,图中“调用轴模块更新主轴转速”为一复合函数。图5.37所示的自适应控制模块中,完成外部参数采集并计算、保存主轴转速的流程如图5.38所示。

由图5.37和图5.38可见[119],自动加工线程运行后,并行设置了两套定时器——数据采集定时器、插补定时器来实现控制器任务的同

步协调。在数据采集定时器的作用下,系统在线实时分析是否发生颤振,若发生颤振则根据颤振抑制算法在线计算出新的主轴转速,并放至系统的共享内存中;插补定时器将任务生成模块译码后储存在双端队列中的运动段定时弹出,执行位置控制。此过程中当有限状态机的状态为 traversing 时,轴组模块中的"轴结构体"就会更新最新的轴信息(此处主要指主轴),并触发轴运动模块中的 Sync_Cycle_Data（ ）函数,实现周期数据的实时交换,使驱动器输出的命令得以更新。由于两个定时器处于同一主线程下,因此可以实现同步改变主轴转速从而抑制颤振。

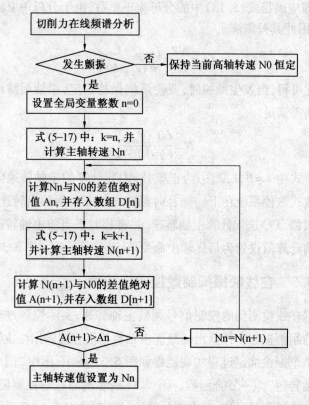

图 5.36　主轴转速计算流程

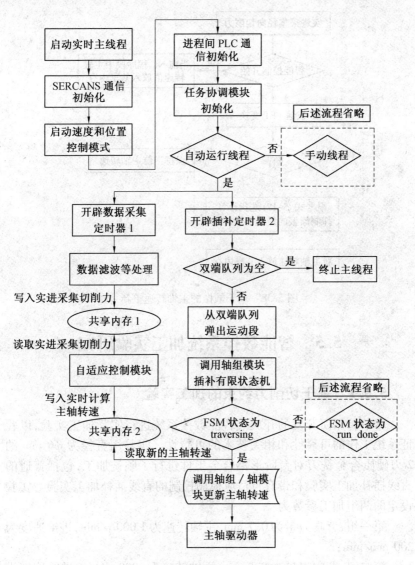

图 5.37　基于位置模式的在线颤振抑制流程

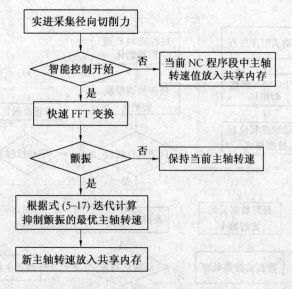

图 5.38　基于颤振的主轴转速更新

5.5　智能数控系统加工实验研究

5.5.1　基于切削力约束的加工实验

　　本节将用所开发的开放式智能数控系统进行实际加工实验,以验证系统工作的可靠性和相关技术的可行性。实验用直径为 $\phi6$ mm 的 2 刃硬质合金铣刀对台阶形铝合金工件进行了顺铣加工,包括普通的直线插补加工实验和带有自适应模糊控制的直线插补加工实验。实验设定的两组加工参数为:

　　第一组,背吃刀量为 0.7 mm,主轴转速为 1 000 r/min,进给速度为 200 mm/min;

　　第二组,背吃刀量为 0.5 mm,主轴转速为 3000 r/min,进给速度为 300 mm/min。

　　实验现场图片如图 5.39 所示[120]。实验中设定的切削力采集周期为

$$T = \left[\frac{60 \times 10^3}{knz}\right] \times t_{插补} \tag{5.18}$$

式中　T——切削力采集周期;

　　　k——正整数;

　　　n——主轴转速;

　　　z——刀具齿数;

　　　[ ]——表示取整数;

　　　$t_{插补}$——系统设定的插补周期(该周期可调,取 2.5 ms)。

图 5.39　实验现场

　　根据式(5.18)的原则,两组实验的切削力采集周期设定为 2.5 ms;在智能自适应控制实验中进给速度模糊控制周期设定为 10 ms。模糊控制前对采集的切削力进行了平均值滤波;控制后的切削力数据在绘制曲线前进行了包络线提取处理;切削力和进给速度进行了绝对值处理(负值仅表示负方向)。下面将对非智能控制和智能控制实验进行对比分析。

5.5.2　非智能控制加工实验

　　首先,按照设定的主轴转速(r/min)、背吃刀量(mm)、进给速度(mm/min)参数(第一组记为 1000-0.7-200,第二组记为 3000-0.5-300)进行了两组普通直线插补加工实验。将实时采集的径向切削力和进给速度进行在线保存后,用 Matlab 进行了曲线绘制。两组切削实验的切削力及进给速度变化曲线分别如图 5.40 和图 5.41 所示。

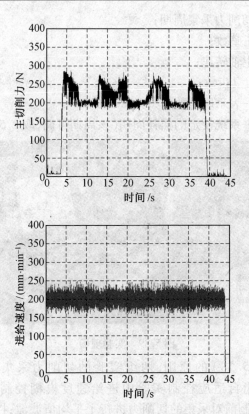

图 5.40　1000-0.7-200 非智能加工实验

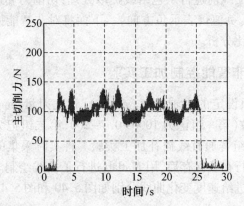

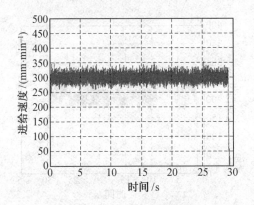

图 5.41　3000-0.5-300 非智能加工实验

由图 5.40、图 5.41 可以看出，空载时，若不考虑传感器的漂移，径向切削力基本为 0 N；实际切削时，切削力曲线能够正确反映出工件的切削深度变化。第一组切削实验总共运行的时间约为 44.2 s，其中切削时间为 36 s，切削时的最小切削力约为 200 N，最大切削力约为 260 N；第二组切削实验总共运行的时间约为 29.5 s，其中切削时间为 24 s，切削时的最小切削力约为 80 N，最大切削力约为 140 N。两组实验中无论空载还是切削，进给速度均与 NC 程序中设定的值均一致，即分别为 200 mm/min 和 300 mm/min。

5.5.3　智能控制加工实验

按照设定的主轴、进给速度、背吃刀量参数（第一组记为 1000-0.7-200，第二组记为 3000-0.5-300）进行了自适应控制直线插补加工实验。[121] 根据图 5.42、图 5.43 所示的结果，两组自适应控制实验中分别设定理想径向切削力为 200 N 和 100 N。将智能控制实验中实时采集的切削力和进给速度进行在线保存后，用 Matlab 绘制的径向切削力及进给速度变化曲线分别如图 5.42、图 5.43 所示。

由图 5.42、图 5.43 可以看出，第一组切削实验共运行的时间约为 32.8 s，其中切削时间为 28.7 s，切削时的切削力约为 200 N；第二组切削实验总共运行的时间约为 22.7 s，其中切削时间为 20.0 s，切削时的切削力约为 100 N。在两组速度曲线中，空载时的进给速度最快；切削深度变厚时，进给速度降低；而切削深度变薄时，进给速度增大，进给速

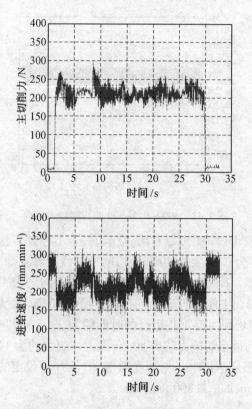

图 5.42　1000-0.7-200 智能加工实验

度随着工件的几何特性做出了正确的调整。

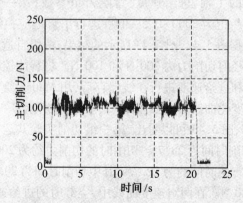

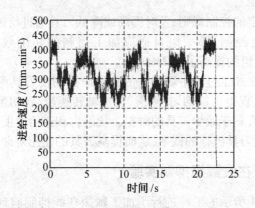

图 5.43　3000-0.5-300 智能加工实验

5.5.4　非智能与智能实验结果对比分析

以第一组参数进行的实验为例,由图 5.40 与图 5.42 的切削力波形的对比可以发现,普通直线插补加工的切削力在刀具每转内,两个切削刃的切削力峰值(刀刃与工件接触时刻)与切削工件的阶梯形状保持良好的一致性,即随着轴向深度的增加,切削力的峰值(绝对值,下同)增大,随着轴向深度的减少,切削力的峰值降低。而经过智能自适应控制后,切削力在整个加工范围内,两个切削刃的峰值切削力已不再呈明显的阶梯形,而基本在 200 N 的范围内沿直线上下波动,在变切削深度处切削力的变化也更加平缓。

进给速度方面,在整个加工范围内,普通直线插补加工的进给速度始终保持在设定的 200 mm/min,且不随切削工件特征、切削过程中外部环境的变化而变化。而自适应智能控制时的进给速度幅值能够根据切削工件轴向深度的变化,适时地调整进给速度。具体表现为:刀具刚切入工件时,由于切削力的突变(从零增大到约 260 N),进给速度幅值从空载时的约 270 mm/min 减少到约 175 mm/min,且相比于整个加工过程,进给速度处于低值。这是由于切削力从 0 突然增大,数控系统控制器按照约束控制规则对进给速度进行了实时调整。该过程有利于降低刀具的切削力冲击,实现对刀具的有效保护。当加工至 5 s 左右时,由于轴向切深减少,刀具与工件间的主切削力减少,这时数控系统根据模糊规则自动提高切削进给速度,以保持切削力的稳定,同时尽量提高加工效率。同样,在后述切削过程中,智能数控系统都能按照切削力的变化,根据制定的控制规则,及时提高或降低刀具的进给速度。相比于对应的非智能控制,第一组自适应加工控制的切削效率提高了约25.79%,第二组约提高了约23.05%。

可以看出,加工过程中切削力的自适应控制使刀具两个切削刃的峰值切削力表现得更加均匀、平滑,且主轴转速越高,切削力保持的越平稳,该过程有利于减少刀具的磨损。切削力和进给速度的有效配合,也有利于降低刀具破损的概率,从而提高刀具的使用寿命。

5.5.5　在线颤振抑制实验

对图5.44所示的工件进行了加工颤振在线抑制验证实验。实验中,加工参数的设置与表5.3中第三组参数的设置完全相同,即NC程序中设定的主轴转速、进给速度均为4500 r/min,400 mm/min,每次切削时径向进给量为0.6 mm。另外,切削采用顺铣、无冷却液加工,刀具采用直径为ϕ6 mm的硬质合金铣刀。颤振抑制实验结果如图5.44 ~ 图5.47所示。

图5.44　实验待切削工件

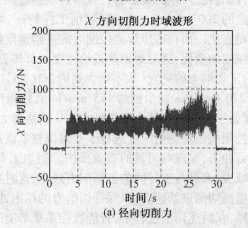

(a) 径向切削力

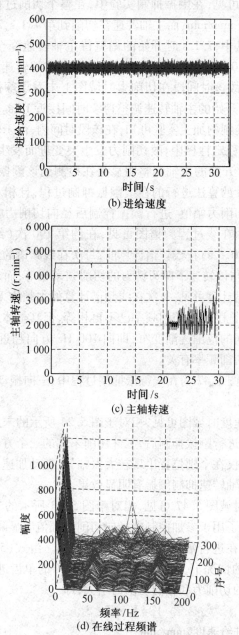

(b) 进给速度

(c) 主轴转速

(d) 在线过程频谱

图 5.45　颤振抑制的切削参数变化情况

由图 5.45 可见,在颤振抑制实验中,在整个切削过程中进给速度一直保持为 400 mm/min,而主轴转速在切削到第 7.1 s,20.5 s 时均开始发生调整。其中,7.1 s 时开始的调整待主轴转速降至 4 350 r/min 后,仅持续了约 0.1 s,又恢复至 NC 程序中设定的转速 4 500 r/min。由于时间较短,故该时间段在切削力时域图上未看出颤振的特征。然而,从第 20.5 s 开始的主轴转速调整持续时间接近 10 s。由图 5.24 所示的未经颤振控制的加工实验可知,在该段时间内,由于轴向切削深度增大,到达切削稳定性极限,故切削力发生突变进而发生再生型颤振。因此,从 20.5 s 开始的主轴调整明显是在检测到该颤振后,数控系统控制器根据设计的算法进行的在线颤振抑制过程,且相对于未进行颤振控制的径向切削力幅值,进行颤振控制后径向切削力幅值已变得相对比较平稳。由在线过程频谱图可见,在约第 190 次(约对应主轴转速图时间轴的 20.5 s)在线频谱计算前,每次在线频谱的最大主频均为 50 Hz、150 Hz,与该转速下两刃铣刀的切削频率相等;而从第 190 次至结束的在线频谱计算可见,每次在线频谱计算的主频均无明显规律、比较杂乱,与正常铣削时的切削频率已不再相等,但其整体趋势是最大峰值对应的频率间的范围逐渐变窄,即向 100 Hz 方向趋近,这与新的主轴转速形成的切削频率有关。

图 5.46 和图 5.47 为在线颤振抑制过程中,三向振动加速度、切削力的时域变化图。

由振动加速度时域图可见,相对于图 5.24 所示的未进行颤振抑制的振动加速度,进行颤振抑制后,工件切削末端的三个方向已不再处于持续振动状态,仅在个别位置出现较大振幅,且振动加速度整体幅值均变小,说明变主轴转速抑制颤振有明显效果。

由切削力时域图 5.47 可见,相对于图 5.23 所示的未进行颤振抑制的切削力,除了用于参加控制的径向切削力幅值明显降低外,进给方向、轴向切削力在进行颤振抑制期间反而增加。由式(5.19)可知,在进给速度不变的情况下,主轴转速降低,使铣刀的单齿进给量增加,从而使进给方向的切削力和轴向切削力增大,即

$$V_c = V_r \cdot Z \cdot S \tag{5.19}$$

式中　V_c——进给速度,mm/min;

　　　Z——铣刀齿数;

S——主轴转速,r/min;

V_r——单齿进给量,mm/z)。

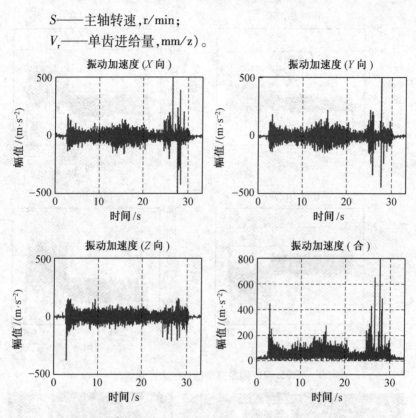

图 5.46　颤振抑制的加速度变化情况

图 5.48 为基于颤振抑制前后工件的加工表面及表面放大图[122]。

由图 5.48 可见,相比于发生颤振未进行控制的工件表面,进行颤振抑制后的工件表面(集中在工件末端)振痕明显减轻,工件表面也变得比较平滑,该过程有效降低了刀具的磨损。

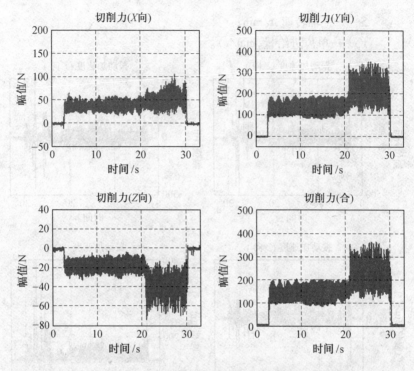

图 5.47　颤振抑制的切削力变化情况

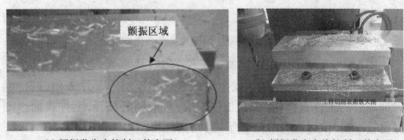

(a) 颤振发生未抑制工件表面　　　　　(b) 颤振发生在线抑制工件表面

图 5.48　工件加工表面及表面放大图

参考文献

［1］叶佩青,李光耀,廖文和. 数控技术的现状及发展策略［J］. 机械科学与技术,1997,6:6-9.

［2］郭艳玲, 赵万生, 董本志. 数控发展的趋势——开放式体系结构数控系统［J］. 东北林业大学学报,2000,28(5):148-150.

［3］OWEN J V. Opening up controls architecture［J］. Manufacturing Engineering, 1995,115(5):53-60.

［4］BABB M. PCs: The foundation of open architecture control systems［J］. Control Engineering,1996,43(1):75-76.

［5］STAROVESKI T, BREZAK D, UDILJAK T. LinuxCNC-the enhanced machine controller: Application and an overview［J］. Tehnicki Vjesnik, 2013, 20(6):1103-1110.

［6］WRIGHT P K. Principles of open-architecture manufacturing［J］. Journal of Manufacturing Systems,1995,14(3):187-202.

［7］PRITSCHOW G, ALTINTAS Y, JOVANE F. Open controller architecture-past, present and future［J］. CIRP Annals - Manufacturing Technology, 2001,50(2):463-470.

［8］BRECHER C, VERL A, LECHLER A, et al. Open control systems: State of the art［J］. Production Engineering, 2010, 4(2): 247-254.

［9］SPERLING W, LUTZ P. Design applications for an OSACA control［C］. Proceedings of the International Mechanical Engineering Congress and Exposition. USA, Dalles, 1997,12:16-21.

［10］王宇晗,潘嘉惠,吴祖育. OSACA 开放结构规范及平台软件研究［J］. 机电一体化技术,1999,(2):20-25.

［11］SAWADA C, AKRIA O. Open controller architecture OSEC-II: Architecture overview and prototype systems［C］. IEEE Synposium on Emerging Technologies & Factory Automation, ETFA'97. Los Angeles, USA, 1997,9:543-550.

［12］MA X B, HAN Z Y, WANG Y Z, et al. Development of a PC-based open architecture software-CNC system［J］. Chinese Journal of

Aeronautics, 2007, 20(3): 272-281.

[13] BIRLA S, FAULKNER D, MICHALOSKI J, et al. Reconfigurable machine controllers using the OMAC API[C]. Proceedings of the CIRP 1st International Conference on Reconfigurable Manufacturing, Ann Arbor, MI, 2001, (5):21-32.

[14] TAN K K. Development of an integrated and open-architecture precision motion control system[J]. Control Engineering Practice, 2002,10(6):757-772.

[15] MORI M, YAMAZAKI K, FUJISHIMA M, et al. A study on development of an open servo system for intelligent control of a CNC machine tool[J]. Annals of the CIRP, 2001,50(1):247-250.

[16] YELLOWLE Y I, POTTIER P R. The integration of process and geometry within an open architecture machine tool controller[J]. International Journal of Machine Tools and Manufacture, 1994, 34 (2):277-294.

[17] BAILO C P, YEN C J. Open modular architecture controlls at GM powertrain: Technology and implementation [C]. Proceedings of SPIE - The International Society for Optical Engineering, Boston, MA, United states, 1996: 52-63.

[18] MEHRABI M G, ULSOY A G, YOREN Y. Reconfigurable Manufacturing systems: Key to future manufacturing[J]. Journal of Intelligent Manufacturing, 2000, 11(4): 403-419.

[19] SCHOFIELD S, WRIGHT P K. Open architecture controllers for machine tools, part 1: Design principles[J]. Transactions of the ASME. Journal of Manufacturing Science and Engineering, 1998, 120(5):417-424.

[20] LANDERSR G, MIN B K, KOREN Y. Reconfigurable machine tools [J]. Annals of the CIRP, 2001, 50: 269-274.

[21] NI J. CNC Machine accuracy enhancement through real-time error compensation [J]. Journal of Manufacturing Science and Engineering, 1997, 119(11): 717-725.

[22] KALITA D. Formal verification for analysis and design of logic

controllers for reconfigurable manufacturing systems [D]. Dissertation of PhD. The University of Michigan,2001：1-13.

［23］ WANG S, SHIN K G. Constructing reconfigurable software for machine control systems [J]. IEEE Transaction on Robotics and Automation, 2002,18(4)：475-485.

［24］ BIRLA S. Software modeling for reconfigurable machine tool controllers[D]. Dissertation of PhD. The University of Michigan, 1997：32-116.

［25］ MOON Y M. Reconfigurable machine tool design：Theory and application[D]. Dissertation of PhD. The University of Michigan, 2000：5-12.

［26］ LU M C. Analysis of acoustic signals due to tool wear during machining[D]. Dissertation of PhD. The University of Michigan, 2001：1-5.

［27］ LANDERSR. Supervisory machining control：A design approach plus force control and chatter analysis components[D]. Dissertation of PhD. the University of Michigan, 1997：4-8.

［28］ MOON S K. Error prediction and compensation of reconfigurable machine tool using screw kinematics[D]. Dissertation of PhD. The University of Michigan, 2002：9-32.

［29］ XU C Y, SHIN Y C. An adaptive fuzzy controller for constant cutting force in end-milling processes[J]. Journal of Manufacturing Science and Engineering, Transactions of the ASME, 2008, 130 (3)：0310011-03100110.

［30］ LIU Q, ALTINTAS Y. On-line monitoring of flank wear in turning with multilayered Feed-forward neural network [J]. International Journal of Machine Tools and Manufacture, 1999, 39(12)：1945-1959.

［31］ ALTINTAS Y, MUNASINGHE W K. A hierarchical open-architecture CNC system for machine tools[J]. Annals of the CIRP, 1994, 43(1)：349-354.

［32］ PRITSCHOW G, LUTZ P. Design of a common data model for

vendor-independent open control systems［C］. World Automation Congress Conference, Maui USA ,2000.

［33］PRITSCHOW G, DANIEL C, JUNGHANS G, et al. Open system controllers-a challenge for the future of machine tool industry［J］. CIRP Annals,1993,42(1):449-452.

［34］MITSUISHI M, WARISAWA S, HANAYAMA R. Development of an Intelligent high-speed machining center［J］. Annals of the CIRP, 2001, 50(1): 275-280.

［35］WANG F, WRIGHT P K. Open architecture controllers for machine tools, part 2: A real time quintic spline interpolator［J］. Journal of Manufacturing Science and Engineering, Transactions of the ASME, 1998, 120(5): 425-432.

［36］HILLAIRE R G. New machining strategies with open architecture controllers ［D］. PhD. Dissertation, University of California, Berkeley, 2001:4-12.

［37］何琳,许杨,陈幼平,等. 基于软件芯片库的开放式数控系统重构［J］. 机械与电子, 2001,3:44-48.

［38］ZOU J, CHEN Y P, ZHOU Z D. Building open CNC systems with software IC chips based on software reuse［J］. International Journal of Advanced Manufacturing Technology, 2000,16(9):643-648.

［39］郇极. 开放式数控系统的数字伺服接口和通信协议［J］. 中国机械工程, 1998, 9(5): 20-22.

［40］李霞. 基于 SERCOS 接口的开放式数控系统的研究［D］. 北京: 北京工业大学, 2002:22-28.

［41］郝钢,韩秋实,孙志永. 基于 PMAC 的开放式数控系统性能的研究［J］. 北京机械工业学院学报, 2003,18(6):24-28.

［42］谢经明,周祖德,陈幼平,等. 基于现场总线的开放式数控系统体系结构研究［J］. 华中科技大学学报, 2002, 30(4):1-3.

［43］王振华,朱国力. 基于现场总线的新型开放式数控系统研究［J］. 中国机械工程师, 2001, 12(4):395-397.

［44］黄晓勇. 开放体系结构 CNC 系统研究及研制［D］. 上海:上海大学, 1997:12-22.

[45] 王敏，郇极. 基于 Windows 3. x/95/NT 的开放式数控系统研究 [J]. 组合机床与自动加工技术，1998，1:27-29.

[46] 王文，秦兴，陈子辰. 基于软件构件技术的开放式数控系统研究 [J]. 中国机械工程，2001，12(7):783-787.

[47] 陈友东. 基于组件的开放式数控系统研究与实现[D]. 北京:北京航空航天大学，2002,12:19-39.

[48] 陈友东，樊锐，陈五一，等. 基于 RtLinux 的开放式数控系统研究[J]. 中国机械工程，2003，16:1419-1422.

[49] 王彦利，李斌. 实时 Linux 下数控系统多任务的结构与实现[J]. 制造业自动化，2002，3(3)：9-11.

[50] 朱达宇，李彦，吉华，等. 基于 RTLinux 的全软件数控系统[J]. 计算机集成制造系统，2004，10(12)：1571-1576.

[51] KAUFMAN G. Soft motion：PC-Based motion control through software[J]. Control Engineering, 2000, 47(10)：107-108, 110, 112, 114.

[52] 雷为民. "软件数控"体系结构及机床智能控制实现技术研究 [D]. 大连:大连理工大学，1999:37-45.

[53] 韩振宇，李茂月，富宏亚，等. 开放式智能数控机床的研究进展 [J]. 航空制造技术,2010，10:40-44.

[54] OH S, HORI Y. Parameter optimization for NC machine tool based on golden section search driven PSO [J]. IEEE International Symposium on Industrial Electronics,2007:3114-3119.

[55] ÖZTÜRK N, ÖZTÜRK F. Hybrid neural network and genetic algorithm based machining feature recognition [J]. Journal of Intelligent Manufacturing, 2004, 15：287-298.

[56] MILFELNER M, KOPAC J, CUS F, et al. Genetic equation for the cutting force in ball end milling[J]. Journal of Materials Processing Technology, 2005, 164：1554-1560.

[57] KAKADE S, VIJAYARAGHAVAN L, KRISHNAMURTHY R. Monitoring of tool status using intelligent acoustic emission sensing and decision based neural network[C]. Proceedings of the IEEE/IAS International Conference on Industrial Automation and Control

Conference, Hyderabad, India, 1995: 25-29.

[58] RUBIO E M, TET R. Cutting parameters analysis for the development of a milling process monitoring system based on audible energy sound[J]. Journal of Intelligent Manufacturing, 2009, 20 (1): 43-54.

[59] LEE H U, CHO D W. Development of a reference cutting force model for rough milling feedrate scheduling using FEM analysis[J]. International Journal of Machine Tools and Manufacture, 2007, 47: 158-167.

[60] FAGOR AUTOMATION. Needs of new numerical controls[J]. Producción Mecánica, 1999, 3: 74-83.

[61] KASIROLVALAD Z, JAHEDMOTLAGH M R, SHADMANI M A. An intelligent modeling system to improve the machining process quality in CNC machine tools using adaptive fuzzy petrinets[J]. International Journal of Advanced Manufacturing Technology, 2006, 29: 1050-1061.

[62] HABER R E, PERES C R, ALIQUE A, et al. Toward intelligent machining: Hierarchical fuzzy control for the end milling process [J]. IEEE Transactions on Control System Technology, 1998, 6(2): 188-199.

[63] 唐唤清. 智能加工中切削刀具状态的在线监控方法及其发展趋势[J]. 机械研究与应用, 1999, 4(12): 3-4.

[64] 刘震, 叶大鹏, 林高飞. 切削过程在线监测研究综述[C]. 厦门: 福建省科协 2005 年学术年会"数字化制造及其它先进制造技术"专题学术会议, 2005: 60-63.

[65] 刘清荣. 基于铣削力信号的刀具磨损状态识别研究[D]. 大连: 大连交通大学, 2007: 42-43.

[66] 李锡文, 杨明金, 杜润生, 等. 模糊模式识别在铣刀磨损监测中的应用[J]. 机械科学与技术, 2007, 9(26): 1113-1117.

[67] 冯艳, 罗良玲, 夏林. 基于软测量技术的刀具磨损的在线监测[J]. 机床与液压, 2006, 12: 87-89.

[68] 高宏力. 切削加工过程中刀具磨损的智能监测技术研究[D]. 成

都：西南交通大学，2005：45-49.

[69] 郑金兴，张铭钧，孟庆鑫. 多传感器数据融合技术在刀具状态监测中的应用[J]. 传感器与微系统，2007，4(26)：90-93.

[70] 李曦，王红亮. 数控加工一种恒负荷控制算法的研究[J]. 制造业自动化，2007，1：35-37.

[71] 郑华平，李曦，唐小琦. 基于自适应预测控制技术的数控铣削加工的研究与应用[J]. 机床与液压，2003，3：151-153.

[72] 姚锡凡，陈统坚，彭永红.电机电流的检测及其在模糊智能加工系统中的应用[J]. 组合机床与自动化加工技术，2000，8：31-33.

[73] 冯冀宁，刘彬，刁哲军，等. 基于小波神经网络的切削刀具状态监测[J]. 中国机械工程，2004，4(15)：321-324.

[74] 张臣，周来水，安鲁陵，等. 基于仿真的数控铣削加工参数优化研究[J]. 中国机械工程，2007，24(18)：2955-2960.

[75] 胡旭晓，杨克已，潘双夏. 数控机床智能控制系统鲁棒性策略研究[J]. 机械工程学报，2002，1(38)：75-78.

[76] 聂建华，王立岩. 神经网络在切削加工过程中的应用[J]. 组合机床与自动化加工技术，2006，5：46-48.

[77] 李尧,刘强. 面向服务的绿色高效铣削优化方法研究[J]. 机械工程学报，2015,51(11)：89-98.

[78] 张曙. 数控系统及其人机界面的新进展[J]. 机械设计及制造工程，2014，43(10)：1-5.

[79] DESHAYES L, WELSCH L, DONMEZ A, et al. Smart machining systems：Issues and research trends[C]. 12th CIRP International Conference on Life Cycle Engineering, Grenoble, France, 2005：363-380.

[80] 李鹏. 基于STEP-NC的开放式智能数控系统架构及其关键技术研究[D]. 济南：山东大学，2011.

[81] 马雄波. 基于PC机的开放式多轴软数控系统关键技术研究与实现[D]. 哈尔滨：哈尔滨工业大学，2007.

[82] THOMESSE J P. Field bus technology in industrial automation[J]. Proceedings of the IEEE, 2005,93(6)：1073-1101.

[83] 梁宏斌, 王永章. 基于 Windows 的开放式数控系统实时问题研究 [J]. 计算机集成制造系统, 2003, 9(5): 403-405.

[84] 朱文凯, 王卫华, 丁汉, 等. 基于嵌入式 PC 的开放式软 PLC [J]. 机械与电子, 2002, (3): 3-7.

[85] FRAMTON N, TSAO J, YEN J. Hard real-time extensions of windows NT evaluation report: Test plan and phase 1&2 results [R]. GM Powertrain Group, 1998.

[86] INTERVAL ZERO INC. RTX 5.0 user's guide [OL]. https://www.intervalzero.com, 2016.

[87] NACSA J. Comparison of three different open architecture controller [C]. Proceedings of IFAC MIM, Prague, 2002: 2-4.

[88] BROWND. OMAC-HMI, OSACA, JOP: Standard CNC data type analysis [R]. Roy-G-BIV Corporation, 2002, (2): 1-7.

[89] FOUSTOK M. Experiences in large-scale, component-based, model-driven software development [C]. Proceedings of the 1st Annual 2007 IEEE Systems Conference, Honolulu, HI, United states, 2007: 92-99.

[90] SZYPERSKI C. Component software-beyond OO programming [M]. Addison-Wesley, 1997: 1-5.

[91] CLEMENTS P C. From subroutines to subsystems: Component based software development [C]. Component-based Software Engineering, Addison-Wesley Longman Publishing Co. Inc. 1998: 189-198.

[92] MICHALOSKI J, BIRLA S, WEINERT G, et al. Framework for component-based CNC machines [C]. Conference on Sensors and Controls for Intelligent Machining, Agile Manufacturing, and Mechatronics, Boston, MA, USA, 1998: 132-143.

[93] HAREL D. Statecharts: A visual formalism for complex systems [J]. Science of Computer Programming, 1987, (8): 231-274.

[94] WANG S, KANG K G. Reconfigurable software for open architecture controllers [C]. Proceedings of the 2001 IEEE International Conference on Robotics & Automation, Seoul, Korea, 2001, (5): 4090-4095.

［95］黄延延, 林跃, 于海斌. 软 PLC 技术研究及实现［J］. 计算机工程, 2004,（1）:165-167.

［96］XU X W, NEWMAN S T. Making CNC machine tools more open interoperable and intelligent—a review of the technologies［J］. Computers in Industry, 2006, 57(2): 141-152.

［97］XU X W. Realization of STEP-NC enabled machining［J］. Robotics and Computer-Integrated Manufacturing, 2006, 12(2), 144-153.

［98］HARDWICK M. Digital manufacturing using STEP-NC［J］. Technical Paper-Society of Manufacturing Engineers. MS, 2002, MS02-252:12.

［99］沈纪桂, 陈廉清. IGES—实现 CAD/CAM 间数据交换的规范［J］. 机电工程, 1998,2:5-7.

［100］张承瑞, 刘日良, 王恒. 基于 STEP 的自动化制造前景［J］. 机械设计与制造工程, 2002, 31(6):4-5.

［101］XU XW, WANG H, MAO J, et al. STEP-compliant NC research: The search for intelligent CAD/CAPP/CAM/CNC integration［J］. International Journal of Production Research, 2005, 43(17):3703-3743.

［102］QIU X L, DING L, XIN G Y. Feature-based process planning using STEP-NC［C］. International Technology and Innovation Conference, Hangzhou, China,2006: 1790-1795.

［103］WECK M, WOLF J, KIRITSIS D. STEP-NC-the STEP Compliant NC programming Interface［OL］. http://www. step-nc. org/data/ims_forum_ascona_011008. pdf,2016.

［104］HARDWICK M, LOFFREDO D. Lessons learned implementing STEP-NC AP-238［J］. International Journal of Computer Integrated Manufacturing, 2006, 19(6):523-532.

［105］杜鹃. 基于 STEP-NC 的开放式数控系统及关键技术研究［M］. 北京:国防工业出版社, 2014.

［106］ISO 10303-21. Industrial automation systems and integration-product data representation and exchange-Part 21: Implementation methods: Clear text encoding of the exchange structure［S］. 2002:

1-72.

[107] ISO 10303-22. Industrial automation systems and integration-product data representation and exchange-part 22: Implementation methods: Standard data access interface[S]. 1998: 1-200.

[108] ISO 10303-28. Industrial automation systems and integration-product data representation and exchange-part 28: Implementation methods: XML representations of EXPRESS schemas and data, using XML schemas[S]. 2007: 1-309.

[109] 陈禹六. IDEF 建模分析和设计方法[M]. 北京: 清华大学出版社, 1999.

[110] BRECHER C, VITR M, WOLF J. Closed-loop CAPP/CAM/CNC process chain based on STEP and STEP-NC inspection tasks[J]. International Journal of Computer Integrated Manufacturing, 2006, 19(6): 570-580.

[111] ISO 14649-10. Data model for computerized numerical controllers-part 10: General process data[S]. 2001: 1-172.

[112] ZHAO F, XU X, XIE S. STEP-NC enabled on-line inspection in support of closed-loop machining[J]. Robotics and Computer-Integrated Manufacturing, 2008, 24(2): 200-216.

[113] ISO 14649-11. Data model for computerized numerical controllers-Part 11: Process data for milling[S]. 2002: 1-81.

[114] ISO 14649-111. Data model for computerized numerical controllers-Part 111: Tools for milling[S]. 2002: 1-20.

[115] 李茂月, 富宏亚, 韩振宇, 等. 基于机床行为模型的恒负荷切削在线适应控制研究[J]. 计算机集成制造系统, 2013, 19(7): 1585-1594.

[116] 吕瑛, 陈怀民, 吴成富, 等. RTX 环境下某智能串口卡的驱动开发[J]. 科学技术与工程, 2007, 5(7): 761-764.

[117] 富宏亚, 金鸿宇, 韩振宇. 智能加工技术在切削颤振在线抑制中的应用[J]. 航空制造技术, 2016, 7: 16-21.

[118] HAN Z Y, JIN H Y, LI M Y, et al. An open modular architecture controller based online chatter suppression system for CNC milling

[J]. Mathematical Problems in Engineering, 2015,1:1-13.

[119] 李茂月，韩振宇，富宏亚，等. 基于开放式控制器的铣削颤振在线抑制[J]. 机械工程学报, 2012, 48(17):172-182.

[120] 李茂月，富宏亚，韩振宇. 开放式智能控制器的设计与加工实现[J]. 计算机集成制造系统, 2011, 17(7):1441-1447.

[121] LI M Y , LIU X L, JIA D K, et al. Interpolation using non-uniform rational B-spline for the smooth milling of ruled-surface impeller blades[J]. Proceedings of the Institution of Mechanical Engineers Part B Journal of Engineering Manufacture, 2015, 229(7): 1118-1130.

[122] LI M Y, HUANG J G, LIU X L, et al. Research on surface morphology of the ruled surface in five-axis flank milling [J]. International Journal of Advanced Manufacturing Technology, 2016, doi:10. 1007/s00170-016-9849-9.

名词索引